高等学校计算机专业规划教材

Algorithm Design and Analysis

算法设计与分析

徐义春 万书振 解德祥 编著

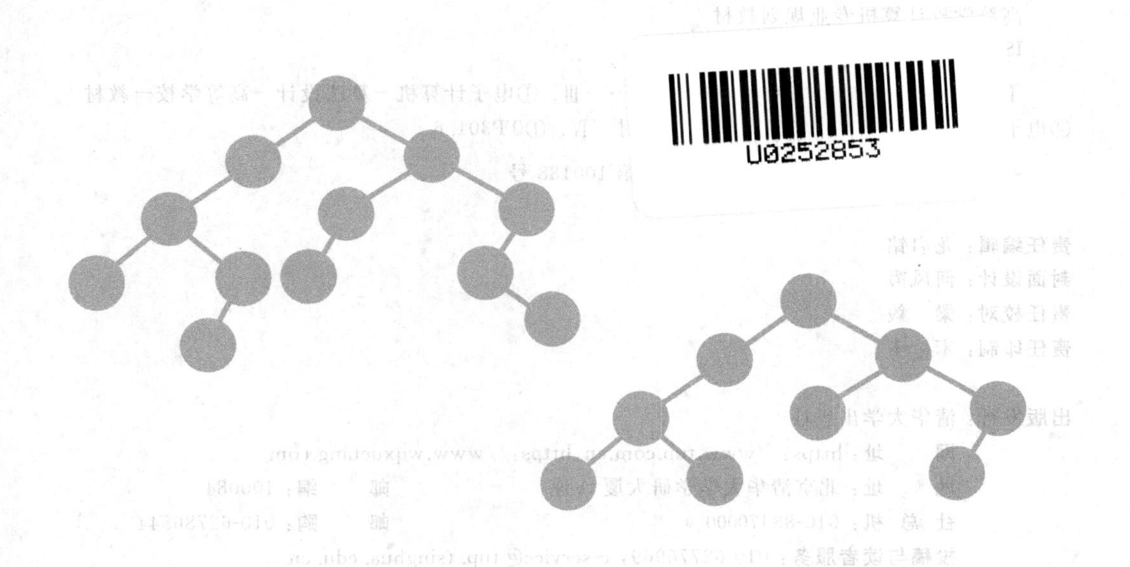

清华大学出版社
北京

内容简介

本书涵盖了常见计算机算法设计和分析的思路和方法，内容包括算法概论、递推与递归、分治法、动态规划法、搜索方法、近似算法、随机算法等，最后提供一些高级数据结构的介绍，以帮助实现效率更高的算法。本书重视算法思路的总结以及方法的正确性证明，以深入浅出的方式引导学生学习教材内容，既具有严谨性，又具有简明性。全书为绝大多数算法提供了可以直接验证的 C/C++ 代码。

本书适合作为高等院校计算机相关专业的教材，也可作为编程竞赛的辅导用书。

图书在版编目（CIP）数据

算法设计与分析/徐义春，万书振，解德祥编著. —北京：清华大学出版社，2016（2024.2重印）

高等学校计算机专业规划教材

ISBN 978-7-302-43789-5

Ⅰ. ①算… Ⅱ. ①徐… ②万… ③解… Ⅲ. ①电子计算机－算法设计－高等学校－教材 ②电子计算机－算法分析－高等学校－教材 Ⅳ. ①TP301.6

中国版本图书馆 CIP 数据核字（2016）第 100188 号

责任编辑：龙启铭
封面设计：何凤霞
责任校对：梁　毅
责任印制：宋　林

出版发行：清华大学出版社

网　　址：https://www.tup.com.cn，https://www.wqxuetang.com
地　　址：北京清华大学学研大厦 A 座　　**邮　　编**：100084
社 总 机：010-83470000　　**邮　　购**：010-62786544
投稿与读者服务：010-62776969，c-service@tup.tsinghua.edu.cn
质量反馈：010-62772015，zhiliang@tup.tsinghua.edu.cn
课件下载：https://www.tup.com.cn，010-83470236

印 装 者：三河市龙大印装有限公司
经　　销：全国新华书店
开　　本：185mm×260mm　　**印　　张**：11.75　　**字　　数**：295 千字
版　　次：2016 年 8 月第 1 版　　**印　　次**：2024 年 2 月第 6 次印刷
定　　价：29.00 元

产品编号：069377-01

21世纪以来，计算机技术日益进入人们的普通生活，硬件不断升级，软件功能越来越强大。算法作为软件技术的核心，在人们关心的应用中的重要性越来越突出。当前最热门的词汇应该算是互联网以及大数据，源于网络大量数据的处理需求，需要有快速有效的处理算法，这凸显了算法研究的重要性。

人工智能技术也取得了跨越式发展，继1997年IBM公司的深蓝计算机战胜人类国际象棋冠军卡斯帕罗夫后，2015年年底，Google公司的Deepmind团队研发的AlphaGo围棋程序，以五连胜的战绩，赢了欧洲围棋冠军樊麾。2016年3月，AlphaGo又以4∶1的战绩战胜世界冠军李世石。这些标志性的成果都源于计算机算法的显著进步。

人们已经认识到计算机算法的重要性。各大计算机技术企业在员工招聘中对算法人才极其青睐，微软、Google、华为、腾讯、阿里等国内外巨头纷纷赞助或者举办以算法为主的各类编程竞赛，中国计算机学会常年进行青少年信息学奥赛人才的选拔和培养，而ACM大学生程序设计竞赛更是吸引了全国各大高校参与。

在以上背景下，我们总结多年来在高校计算机算法教学中的经验，出版了这本教材。本教材涵盖了分治法、贪心法、动态规划法、深度优先与宽度优先搜索、近似方法与随机算法等经典算法，阐明了每一种算法的本质特点，简洁但严谨地证明了算法的正确性，并提供了典型的应用以及完整的C/C++程序实现。

学生在使用本教材时，应预先掌握“数据结构”课程的基础内容，包括线性结构、树结构和图结构的基本概念与应用。高性能的算法往往与数据结构密切相关，本教材在第10和第11章提供了若干关于高级数据结构的介绍，供读者参考。为了读者能顺利验证，本教材中提供的绝大多数的算法代码都能直接编译运行。

本教材第1～9章由徐义春撰写，第10章由解德祥撰写，第11章由万书振撰写。由于作者的水平有限，书中一定存在不少缺点，热忱欢迎各同行及读者批评指正。

第1章 算法与性能 /1

第2章 递推与递归 /10

第3章 分治法 /29

第6章 深度优先搜索 /81

第7章 宽度优先搜索 /102

第8章 近似算法 /116

第 11 章　高级数据结构(二)　/157

参考文献　/178

第1章 算法与性能

1.1 算法的概念

在计算机程序设计中，为了实现程序的特定功能，需要设计一组指令操作序列，而算法就是准确定义这组操作序列的规则集合。

例如，对于等差数列$\{a_1, a_2, \cdots, a_n\}$的求和问题，已知数列首元素为$a_1$，满足$a_i = a_{i-1} + d$，则前$n$个元素的和为

$$S(n) = na_1 + \frac{n(n-1)}{2}d$$

可以给出以下计算机算法：

(1) 输入初始值a_1，差值d，以及元素个数n；

(2) 计算$S = na_1 + \frac{n(n-1)}{2}d$；

(3) 输出S的值。

数据是算法的第一个重要构成元素。首先要从输入设备上读取数据，最后要将计算结果在输出设备上输出，而中间则要存储必要的数据以待处理。算法中的数据组织方式，通常称为“数据结构”。

操作的序列是算法的第二个重要构成元素。为完成算法的功能，需要设计特定操作序列，对数据进行变换。这些特定的操作序列，称为“控制流程”。对同一个计算问题，使用不同的数据结构和控制流程，可以得到不同的算法。

算法还有一个重要特征是经过有限步计算后停止计算并输出结果。一个程序可以始终不停机，例如操作系统可以始终运行，但不能称为一个算法。算法完成计算所需要的步数或者时间，是评价算法性能的一个指标。

1.2 算法的表达

算法的设计和交流必须使用某种语言工具。目前常用的算法表达工具有自然语言、结构化图形工具以及计算机高级语言等。

1.2.1 自然语言

算法可以直接使用人类交流的自然语言进行描述。例如求解两个整数a和b的最大

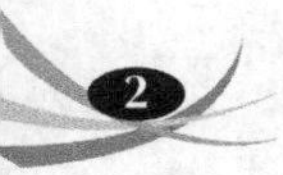

公约数(Greatest Common Divisor)的欧几里得算法 GCD(a, b),基于以下原理:

如果 $a>b$,那么 GCD(a, b) = GCD($a-b$, b),也就是把其中较大的一个数变为两数之差后,最大公约数不变。例如 GCD(36, 14) = GCD (36−14,14) = GCD(22, 14)。

将上述原理反复使用,最后就能得到最大公约数。用结构化的自然语言描述欧几里得算法如下:

算法 1.1 求解正整数 a, b 的最大公约数的欧几里得算法

1. 检查 a, b 两个数,如果 $a<b$ 则将其值交换。此步骤保证 $a\geqslant b$;
2. 当 a 不能被 b 整除时,重复执行:
   2.1 令 $a=a-b$;
   2.2 检查 a、b 两个数,如果 $a<b$ 则将其值交换;
3. 返回 b 的值,算法停止。

在算法 1.1 的第 2 步,反复利用欧几里得原理,对 a、b 的值进行变换,同时保证最大公约数不变。可以观察到 b 在不断减小,但 b 最小可能是 1,因此经过有限次变换后,算法必然中止。

假设在算法 1.1 对 a、b 进行变换时,同时观察算法运行情况,则在对 $a=36$, $b=14$ 的最大公约数求解过程中,可观察到如下的值:

(36,14), (22, 14), (14, 8), (8, 6), (6, 2)

在最后 2 能整除 6,因此算法停止第 2 步的循环,通过第 3 步返回最大公约数 2。

由于自然语言并不严格,使用者容易产生歧义,因此用自然语言描述算法,也可能造成理解上的错误。

1.2.2 结构化图形工具

表达算法的结构化图形设计工具有很多,比如流程图、N-S 图等。结构化设计工具将算法的控制流程分为三种:串行结构(图 1.1(a))、选择结构(图 1.1(b))和循环结构(包括当型循环(图 1.1(c))和直到型循环(图 1.1(d)))。

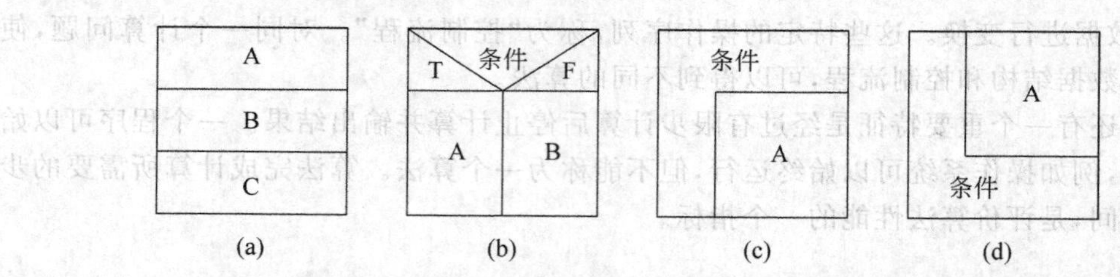

图 1.1 N-S 图的控制结构图:(a) 串行结构;(b) 选择结构;(c) 当型循环;(d) 直到型循环

在图 1.1(a)所示的串行结构的控制流程规定为自顶向下依次执行操作 A→B→C。图 1.1(b)所示的选择结构根据条件的逻辑值决定执行哪个操作,当条件为真(T)时执行 A,条件为假(F)时执行 B。图 1.1(c)所示的当型循环是反复测试条件,当条件满足时执行 A,否则退出循环。图 1.1(d)与图 1.1(c)的区别在于,图 1.1(d)先执行 A,然后测试条件是否满足,条件为真时继续重复执行 A。

图 1.2 是算法 1.1 的 N-S 图表达方法。可以看出,N-S 图在表达各种控制流程时,更

为直观和清晰。

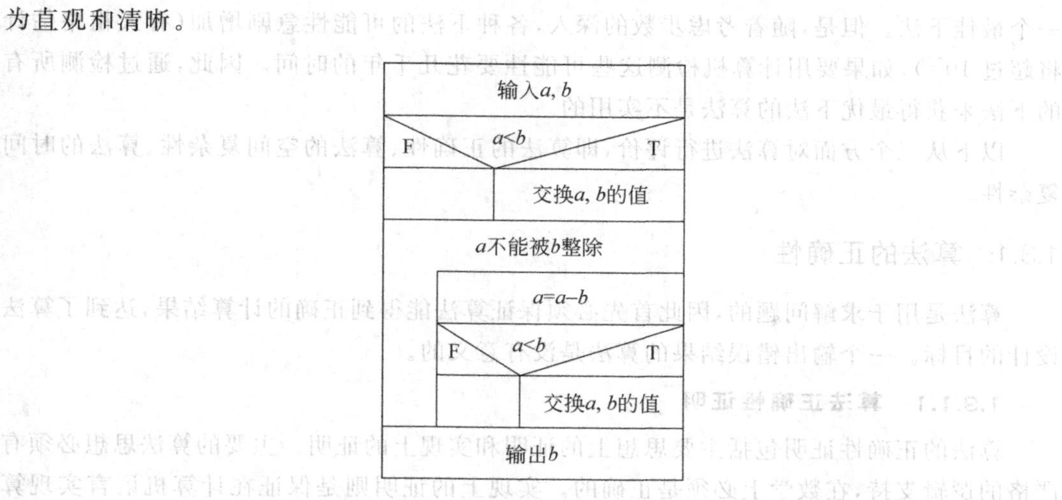

图 1.2 表达算法 1.1 的 N-S 图

1.2.3 计算机高级语言

计算机高级语言定义了严格的语法规则，不会产生二义性，也经常用来表达算法。例如 PASCAL 就是一种常用的描述算法的语言。使用高级语言描述算法的好处之一是，读者可以方便地在计算机上运行并验证算法。但是使用高级语言表达算法，需要算法作者和读者较熟悉该门语言。本书中的大部分算法都使用 C/C++ 语言描述。

算法 1.2 用 C 语言的描述方式为：

```
int GCD (int a,int b){
//输入 a,b 为正整数,输出 a,b 的最大公约数
   int x;
   if (a<b){ x=a; a=b; b=x; }
   while (a%b !=0){
     a=a-b;
     if (a<b){ x=a; a=b; b=x; }
   }
   return b;
}
```

1.3 算法的评价

19 世纪 30 年代，理论计算机科学家（如图灵、冯·诺依曼等）研究了一个计算问题是否可以用算法来解决，建立了可计算理论，奠定了计算机技术发展的基础。

但是，一个计算问题即使理论上存在求解算法，在实践上还是远远不够。例如国际象棋，每个棋子可以选择的位置是有限的，在规则约束下，经过有限步一定会有一个结果。完全可以设计一个算法，考虑己方的所有可能下法，以及对手的所有可能应着，从而选择

一个最佳下法。但是，随着考虑步数的深入，各种下法的可能性急剧增加（有人粗略估计将超过 10^{50}），如果要用计算机检测这些可能性要花几千年的时间。因此，通过检测所有的下法来获得最优下法的算法是不实用的。

以下从三个方面对算法进行评价，即算法的正确性、算法的空间复杂性、算法的时间复杂性。

1.3.1 算法的正确性

算法是用于求解问题的，因此首先必须保证算法能得到正确的计算结果，达到了算法设计的目标。一个输出错误结果的算法是没有意义的。

1.3.1.1 算法正确性证明

算法的正确性证明包括主要思想上的证明和实现上的证明。主要的算法思想必须有严格的逻辑支持，在数学上必须是正确的。实现上的证明则是保证在计算机语言实现算法时，不能引进错误。

要保证一个算法实现的正确性，也可以从理论上进行证明。算法的每一个操作指令，将使得数据间产生一些逻辑关系。例如“x=a;”执行之后，将满足“x == a”这个逻辑关系。如果算法最后得到了类似于“计算结果 == 预期结果”的逻辑关系，则算法的正确性得到了证明。

简单的操作指令产生的效果比较容易确认，重点需要关注循环结构中产生的效果。对循环结构效果的确认技术是寻找并证明循环中的不变量。**循环不变量**是指在循环开始和循环中每一次迭代时恒为真的逻辑关系。

在算法 1.1 中，假设 a, b 初始值的最大公约数是 g，即满足 g == GCD(a, b)。经过第 1 步，满足逻辑关系 R：g == GCD(a, b) and $a \geqslant b$。在第 2 步中，第 2.1 步根据欧几里得原理有 g == GCD(a, b)，而第 2.2 步保证了 $a \geqslant b$，因此在每一轮测试循环条件时，R 始终是满足的，因此 R 是循环不变量。

最后，在第 2 步的循环结束时，满足逻辑关系 g == GCD(a, b) and $a \geqslant b$ and b 整除 a，从而第 3 步输出的 b 是最大公约数，算法的正确性得到保证。

一个简单的算法实现的正确性可以通过上述证明完成，但一个较大的程序往往包含许多算法的组合，由人来进行证明负担较重，而且人的证明也往往会出错。一种解决思路是设计一个能证明算法正确的程序，但是在理论上这是不可行的。因为目前已经证明无法设计一个程序判断其他的程序是否停机，而最终停机是算法的基本要求。

1.3.1.2 算法的验证测试

实用的算法正确性验证方法是通过测试来进行。给定一组输入的数据，按照算法设计的目标，它应该输出一组正确的输出结果。如果输出结果不对，则表明算法设计有错。如果通过了这组数据测试，则算法正确的可能性就增加了一些。

例如算法 1.1，可以设计以下几组数据进行测试：

(1) a=20，b=16，最大公约数 4；

(2) a=12，b=18，最大公约数 6；

(3) $a=12$, $b=7$，最大公约数1。

一组测试输入数据和相应的输出数据称为测试用例。可以通过设计完备的测试用例集合，遍历所有的可能输入数据，来证明算法是正确的。但在现实中，往往输入数据的可能性太多，或者本来就有无穷多种组合，使得测试全部的输入组合是不可能完成的工作，因此只能通过设计一些有代表性的测试数据来测试算法。

由于测试数据的不完备性，通过了测试不能保证算法是正确的，只能说是提高了算法正确的可能性。如何设计有限的测试用例以高效地检验算法的正确性，是软件测试理论的研究内容，读者可以参考软件工程相关书籍。

1.3.2 算法的空间复杂性

算法的空间复杂性衡量的是算法设计时声明所需存储空间的大小，例如在算法1.2的C语言描述中，所定义的中间变量只有x，因此它的空间复杂性为常数1。

如果算法设计中需要保持的中间变量太多，需要占用过大的空间，操作系统会频繁地调度内外存，或者直接拒绝算法的运行，从而影响算法的运行性能。所以，空间资源的占用是评价一个算法好坏的性能指标之一。

1.3.3 算法的时间复杂性

算法的时间复杂性是对算法的时间耗费(或效率)的一种估计，是评价算法性能的重要指标。计算时间对有些计算机系统至关重要，例如在控制系统中，往往需要在较短的时间内完成解算。如果一个算法需要占用较长的运行时间，超出了设计的时间限制，即使是正确的，它也无法完成控制任务。

但是在进行算法分析的时候，具体的时钟时间却不是效率的一个好指标。首先，算法的具体运行时间与硬件平台有关系，同样的一个算法在不同的硬件平台上运行时间是不同的。其次，运行时间还涉及个人的编程风格以及所使用计算机语言的效率，例如一个算法用C语言实现相比用Java语言的程序，可能运行速度更快。

因此在算法理论中，是通过统计语句的执行次数来衡量算法的时间复杂性。在后面的叙述中，我们也称执行次数为执行时间。

下面对冒泡排序算法进行具体分析。

算法1.3 冒泡排序

```
int BubbleSort(int A[],int n){
//输入：数组A,元素数目n
//输出：数组A中元素完成从小到大排序
    int i,j,x;
1     for (i=0;i<n-1;i++)
2       for (j=0;j<n-i-1;j++)
3         if (A[j]>A[j+1]){
4             x=A[j]; A[j]=A[j+1]; A[j+1]=x ;
          }
    return 1;
  }
```

我们需要统计基本语句的执行次数。**基本语句**指一组语句(可能只包括一条语句),它们的执行时间是常数,可视为单位时间。如果一组语句的执行时间跟输入数据的规模相关,则不能作为基本语句,在估计时间复杂性时应考虑该组语句本身的复杂性。

在算法1.3中,语句3和4的执行时间是常数,可作为基本语句。它们的执行次数由两重循环语句1和2控制,外层循环 i 分别要取值 $0,1,\cdots,n-2$,每个 i 值下,内存循环分别要执行 $n-i-1$ 次,因此基本语句总的执行次数为

$$\sum_{i=0}^{n-2}(n-i-1)=(n-1)+(n-2)+\cdots+1=n(n-1)/2 \tag{1.1}$$

如果算法中包含了多个循环段,则算法的时间复杂性为每个循环段的复杂性求和。如果算法语句中含有子函数或者子过程,则应先了解子函数或子过程的时间复杂性。例如下面一段代码对 $m\times n$ 的二维数组 A 的每一行排序,最后得到每行的最小元素和:

算法 1.4 矩阵最小元素和

```
int MinSum(int A[],int m,int n){
//输入:A是二维数组的首地址,m是行数,n是列数
//输出:每行的最小元素和
   int row, sum;
1  sum=0;
2  for(row=0;row<m;row++) {
3    BubbleSort(&(A[row*n]), n);   //对每行排序
4    sum +=A[row*n];               //对每行的最小值求和
   }
   return sum;
}
```

在MinSum的算法中,语句1和4是基本语句,它们的执行次数分别是1和 m。由于语句3的执行时间是 $n(n-1)/2$,它与输入数据的规模 n 有关,因此不是基本语句。综合考虑,MinSum的时间复杂性估计为

$$1+m+mn(n-1)/2 \tag{1.2}$$

1.4 最差时间复杂性和平均时间复杂性

1.3节分析说明,冒泡排序算法1.3的执行时间为 $n(n-1)/2$,与输入数组的元素个数即输入数据的规模相关。

除了输入的规模外,具体的输入数据值也会影响算法的效率,例如一个简单查询算法:

算法 1.5 简单查询算法

```
int search(int A[], int n, int a){
//输入:数组A,元素个数n,一个待查的值a,
//输出:如果a不在表中输出-1,否则输出a在A中的位置
    int i;
```

```
1    for( i=0;i<n;i++)
2       if (a==A[i])return i;
   return -1;
}
```

在算法1.5中，初看起来循环语句1的执行次数是n，语句2为基本操作。但仔细分析会发现，如果a在A中，则语句2的条件($a==A[i]$)为真时，算法会中途停止循环。如果$A[0]=a$，第一次执行语句2算法就结束。只有在当a不在A中时，循环才会执行n次。

最差时间复杂性指在所有可能的输入中，算法的最长执行时间。I表示一个规模为n的输入，以$T(I)$表示分析出的执行时间，D是所有规模为n的输入数据集合，则定义算法的最差时间复杂性为

$$w(n) = \max(T(I) \mid I \in D) \tag{1.3}$$

算法1.4的最差复杂性为$w(n)=n$。

如果给出了算法的输入数据I的分布特征，即I的出现概率为$p(I)$，则可以计算出算法的**平均时间复杂性**为

$$A(n) = \sum_{I \in D} T(I) \cdot p(I) \tag{1.4}$$

在算法1.4中，假定要求被查询数组A的元素互异，搜索失败的概率是0.2，而每个元素被搜索的概率都是相同的，则算法1.4的平均时间复杂性为

$$A(n) = 0.2n + 0.8/n(1+2+\cdots+n) = 0.6n + 0.4$$

最差时间复杂性和平均时间复杂性都是评价算法的指标，在不同的应用中可能起不同的作用。例如，个人机交互系统中的算法，平均时间复杂性可以反映用户的体验。而在一个实时系统中，如果算法的超时会带来灾害性后果，则应使用最差复杂性进行算法评价。

1.5 函数的阶与渐进性分析

1.5.1 复杂性函数的阶

一般情况下，算法的输入规模用正整数n表示，算法的复杂性是一个关于n的递增函数$T(n)$。

在算法分析理论中，我们更关注**复杂性函数的阶**。例如一个问题有两个算法A和B，其时间复杂性函数分别为$T_A(n)=n$，$T_B(n)=2n$，观察两个算法的运行时间之比：

$$r = \frac{T_A(n) \cdot t_A}{T_B(n) \cdot t_B} = \frac{nt_A}{2nt_B} = \frac{t_A}{2t_B}$$

其中，t_A和t_B是算法A、B的基本操作所需时间。上式表明两个算法的运行时间之比是一个常数，与输入无关。如果算法A执行更快，则可以通过更换硬件等方式，改变基本语句的执行时间，使算法B的执行速度赶上或超过算法A。我们认为这两个算法的时间复杂性具有相同的阶。

再考虑如果两个算法的时间复杂性分别为 $T_A(n)=100n$，$T_B(n)=n^2$，

$$r=\frac{T_A(n)\cdot t_A}{T_B(n)\cdot t_A}=\frac{100t_A}{nt_B}$$

此时，无论如何改变 t_A 和 t_B 的比例，当输入规模 n 变大时，$r<1$，算法 A 的运行会比算法 B 更快。而且 n 不断增长时，r 趋于 0。说明两个算法的复杂性存在显著不同。我们认为此时 $T_A(n)$ 的阶要低于 $T_B(n)$ 的阶。

上述分析是考虑 n 增长时，$T(n)$ 增长的情况，因此时间复杂性函数的阶称为**渐进性阶**。一个算法的时间复杂性函数的阶越高，则其复杂性越高。

1.5.2 函数的渐进性阶的比较

算法分析理论中并没有给某个函数的阶一个定量的定义，但可以根据以下的定义来比较 $f(n)$ 和 $g(n)$ 两个函数的阶的高低：

定义 1.1 $f(n)$ 的阶小于 $g(n)$ 的阶，$f(n)=o(g(n))$：对任意的 $c>0$，如果存在正常数 k，使得对所有的 $n>k$，满足 $f(n)<c\cdot g(n)$。

定义 1.2 $f(n)$ 的阶小于等于 $g(n)$ 的阶，$f(n)=O(g(n))$：存在正常数 c 和 k，使得对所有的 $n>k$，$f(n)<c\cdot g(n)$。

定义 1.3 $f(n)$ 的阶等于 $g(n)$ 的阶，$f(n)=\Theta(g(n))$：如果满足 $f(n)=O(g(n))$ 并且 $g(n)=O(f(n))$。

定义 1.4 $f(n)$ 的阶大于 $g(n)$ 的阶，$f(n)=\omega(g(n))$：如果满足 $g(n)=o(f(n))$。

定义 1.5 $f(n)$ 的阶大于等于 $g(n)$ 的阶，$f(n)=\Omega(g(n))$：如果满足 $g(n)=O(f(n))$。

1.5.3 函数的渐进性阶的运算

如果用极限符号表示，根据上述定义有：

推论 1.1 如果 $\lim_{n->\infty} f(n)/g(n)=0$，则 $f(n)=o(g(n))$。

推论 1.2 如果 $\lim_{n->\infty} f(n)/g(n)<C$，$C>0$，则 $f(n)=O(g(n))$。

推论 1.3 如果 $C<\lim_{n->\infty} f(n)/g(n)<D, C>0$，则 $f(n)=\Theta(g(n))$。

根据推论 1.1 很容易得到下面两个推论：

推论 1.4 对数函数的阶低于多项式函数，即 $\log(n)=o(n^k)$，其中常数 $k>0$。

推论 1.5 多项式函数的阶低于指数函数，即 $n^k=o(a^n)$，其中常数 $k>0$，$a>1$。

在算法性能分析过程中，对数函数、多项式函数与指数函数经常用作算法评价的指标。一个算法的复杂性如果是指数阶，通常认为性能不好。即使是多项式阶的算法，能降低次数也非常有意义。

在计算机理论科学中，有一些计算问题目前还只发现指数阶的算法，而多项式阶的算法是否存在还是未知。

推论 1.6 对 $C>0$，$f(n)=\Theta(C\cdot f(n))$。

推论 1.7 如果 $g(n)=O(f(n))$，则 $f(n)+g(n)=\Theta(f(n))$。

推论 1.6 说明复杂性函数的非零系数大小并不影响其阶。推论 1.7 说明，去掉一个低阶的函数，并不影响原函数的阶。这两个推论常用于简化函数阶的表达。例如，根据式

(1.1)可以得到冒泡算法 1.3 的时间复杂性为

$$T(n)=n(n-1)/2=\Theta(n^2)$$

而根据式(1.2),算法 MinSum 的时间复杂性是

$$T(m,n)=1+mn(n-1)/2=\Theta(mn^2)$$

1.5.4 函数的渐进性表示与函数集合

最后,$O(f(n))$,$\Theta(f(n))$,$\Omega(g(n))$等可以理解成函数集合,例如$O(f(n))$表示所有阶不大于$f(n)$的阶的函数。而$T(n)=O(f(n))$也可以表示函数$T(n)$属于集合$O(f(n))$,与1.5.2节的渐进性阶的定义是自洽的。

$O(f(n))$、$\Theta(f(n))$、$\Omega(g(n))$还可以表示所在集合里的某一个函数,从而可以进行运算,如$T(n)=g(n)+O(f(n))$的意义为,存在一个函数$h(n)=O(f(n))$,满足$T(n)=g(n)+h(n)$。

因此,推论 1.7 可以简单表示为$f(n)+O(f(n))=\Theta(f(n))$。

1.6 本章习题

习题 1.1 考虑解决一个问题的两个算法A和B,它们的时间复杂性分别是$O(n^2)$和$O(n^3)$,如果不考虑空间和编程的时间,那么一定更优先应该选择算法A吗?请陈述理由。

习题 1.2 按渐进性阶从低到高排列下面的表达式:

$3n^2$, $\log(n)$, 2^n, $100n$, 1, $n^{1.6}$, $n!$

习题 1.3 考虑两个函数定义在自然数上的函数$f(n)$和$g(n)$,$f(n)\geqslant 0$,$g(n)\geqslant 0$,证明:

$$O(f(n))+O(g(n))=O(f(n)+g(n))=O(\max(f(n)+g(n)))$$
$$=\max(O(f(n)),O(g(n)))$$

习题 1.4 分析下面程序段关于n的时间复杂性:

```
a=0;
for (i=1;i<=n;i++)
   for (j=1;j<=i;j++)
      for(k=j;k<=n;k++)
           a=a+1;
```

用最简单的$\Theta()$形式表达,假设每条语句都是基本语句。

习题 1.5 下面函数计算二项式系数$C(n,k)$:

```
int C(int n,int k){
  if (k==0 || k==n) return 1;
  else return C(n-1,k-1)+C(n-1,k);
}
```

$T(n)$是$C(n,k)$在各种k下的最差时间,请用最简单的$\Theta()$形式表达$T(n)$。

第2章

递推与递归

在数列$\{f(1), f(2), \cdots, f(n)\}$中,任意元素$f(i)$与其位置序号$i$的关系表达式称为通项公式。有了通项公式就可以根据位置值i计算元素值,不过通常一个数列的计算问题中,项之间的递推关系较容易分析,而通项公式则不是很容易得到。例如等差数列中,容易给出的是递推公式$f(i)=f(i-1)+d$,d是公差,而通项公式$f(i)=f(1)+(i-1)d$则需要通过分析和推理得到。

在计算机计算时,使用首项和递推公式很容易计算出每个元素的值。例如等差数列的计算,可以使用一个数组f:

```
f[1]=a1;
for (i=2;i<=n;i++)
    f[i]=f[i-1]+d;
```

递推关系实质上可视为是递归函数关系,例如等差数列的递推公式$f(i)=f(i-1)+d$看作递归函数时,表明求解函数值$f(i)$需要用到函数值$f(i-1)$。C/C++语言提供了递归函数的实现:

```
int f(int i) {
//输入:等差数列项的序号 i
//输出:第 i 项的数列元素值
  if (i<=1) return a1;
  else return f(i-1)+d;
}
```

本章所涉及的递推计算方法,都可以用递归算法来完成。一般来说,递推算法在效率上更高,但递归算法思路表达更加简明。

2.1 递推关系与递推算法

递推关系是递推算法的核心,本章将介绍以下一些类别的递推关系。

(1) 一阶递推:在计算$f(i)$时,只使用到前面(指项的位置小于i)计算过的一项,例如等差数列

$$f(i) = f(i-1) + 3$$

(2) 多阶递推:在计算$f(i)$时,需要使用前面计算过的多项,例如 Fibonacci 数列

$$f(i)=f(i-1)+f(i-2)$$

(3) 间接递推：在计算 $f(i)$时，使用一个中间量，而中间量则需要使用前面计算过的项。例如

$$f(i) = g(i-1)+3$$
$$g(i) = f(i-1)+1$$

(4) 多维递推：元素处于一个多维矩阵中，递推需要使用矩阵中其他位置的元素，例如

$$f(i,j) = f(i-1,j-1)+f(i-1,j-2)$$

(5) 逆向递推：这种计算不是从前面的元素往后递推，而是反过来，例如

$$f(i) = f(i+1)+3$$

在递推算法中，除了寻找递推关系之外，还需要确定**递推起点**。递推起点值需通过非递推的方式给出，其他数据项才可以通过递推关系式计算出。

本章使用一维或多维数组 f 来存储所有的元素值，递推的过程就是利用递推公式逐个填写数组元素值的过程。例如 Fibonacci 数列的计算：

算法 2.1

```
#define MAX 100
int f[MAX];   //对应递推公式的数据区
int fib(int n)
//输入：Fibonacci 数列项 i
//输出：Fibonacci 数列第 i 项的值
{
   int i;
   f[0]=f[1]=1;
   for (i=2;i<=n;i++)
       f[i] =f[i-1]+f[i-2];
   return f[n];
}
```

寻找到正确的递推关系，是算法设计的难点。为了分析和描述的方便，后文以大写符号结合下标的方式表示一个问题，以对应的小写符号的函数形式表示问题的解。例如，输入规模为 n 的问题记为 F_n，$f(n)$是 F_n的解答。

例 2.1 平面上 10 条直线最多能把平面分成几个部分？

分析：以直线数目为递推的变量。假定平面上有 $i-1$ 条直线 $1,2,\cdots,i-1$，将平面分为最多的 $f(i-1)$部分。现在加入一条直线 i，i 与任意一条已经存在的直线，最多一个交点，因此 i 上的最多出现 $i-1$ 个交点。这 $i-1$ 个交点将把直线 i 分成 i 个子段，而每个子段会将原来通过的平面部分一分为二，从而平面多分出 i 个部分，故整个平面被划分为 $f(i-1)+i$ 部分。i 为 4 的情况如图 2.1 所示。

因此最后得到的递推公式为

$$f(i) = f(i-1)+i \tag{2.1}$$

通过分析可以确定要得到最多的划分数，必须任意两条直线相交，任意三条直线不

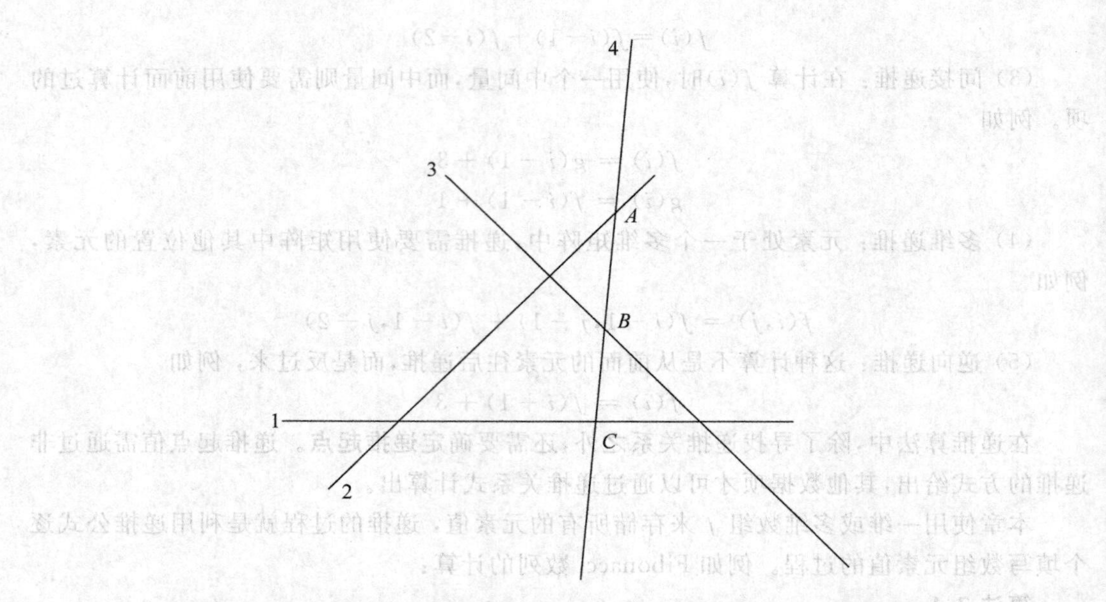

图 2.1　直线 1、2、3 将平面分成 $f(3)=7$ 块，第 4 条线与 1、2、3 共有 A、B、C 三个交点，它们将直线 4 分为 4 段，每段将所在的平面部分一分为二，因此 4 条直线将平面多分出 4 块，从而 $f(4)=f(3)+4$

相交。

以 $f(0)=1$ 作为递推的起点，则可以通过递推关系式(2.1)逐步算出 $f(1)=2$，$f(2)=4\cdots$

算法 2.2

```
#define MAX 100
int f[MAX];
int lines(int n) {
//输入：线的数目
//输出：平面划分数
   int i;
   f[0]=1;
   for (i=1;i<=n;i++)
      f[i] =f[i-1]+i;
   return f[n];
}
```

实际上，从迭代公式(2.1)容易推出通项公式

$$f(i)=2+2+3+\cdots+i=1+i(i+1)/2$$

例 2.2　100 个物品，两个玩家 a、b 轮流从这堆物品中取物，规定每次可以取的数目可以是 1、3、4、6。最后一次取光者得胜。问为了获胜应先取还是后取，应采取什么策略？

分析：以物品个数为递推变量，$f(i)=1$ 表示物品个数为 i 时先取的人可以赢，$f(i)=0$ 表示先取必然输。输赢的判断思路是：

假设当前玩家 a 面临 i 个物品，当他选取了某数目 x，导致 b 面临输的局面，那么 a 面临的就是赢的局面。也就是当 $f(i-1)$、$f(i-3)$、$f(i-4)$、$f(i-6)$之中任意一个值为 0,则 $f(i)=1$。

反之,当 a 做所有的选择,b 都是赢,那么 a 面临的是一个必输的局面。即如果 $f(i-1)$、$f(i-3)$、$f(i-4)$、$f(i-6)$ 都为 1，则 $f(i)=0$。

上述思路可以用递推关系表达：

$$f(i) = !(f(i-1) \&\& f(i-3) \&\& f(i-4) \&\& f(i-6)) \tag{2.2}$$

递推开始前,需要人工先判断 $f(0)$、$f(1)$、…、$f(6)$的输赢情况,以作为递推的起点。容易知道,当面临 0 个物品时,对方已经赢了,故 $f(0)=0$，而当面临 1、3、4、6 个物品时,可以 1 次取完而得胜,故 $f(1) = f(3) = f(4) = f(6) = 1$。面临 2 个物品时,由于只能取 1 个,对方会取走最后 1 个获胜,故 $f(2) = 0$。而当面临 5 个物品时,可以取 3 个,对方面临 2 个物品必败,因此 $f(5)=1$。

使用递推公式和递推起点,可以把计算出所有的值存放在一个表中,其后玩家的策略就是：面对 i 个物品,查 f 值的表,如果 $f(i) = 1$ 则应该先选,$f(i) = 0$ 则应该后选。游戏中如果轮到玩家选取,还有 i 个物品,则应在(1, 3, 4, 6)中选择一个数目 x,使对方面临一个 $f(i-x) = 0$ 的局面。

算法 2.3

```
#define MAX 1000
int f[MAX];
int game(int n){
//输入：石头数
//输出：返回 1 表示先取会赢,0 表示先取会输
  int i;
  f[0]=0; f[1]=f[3]=f[4]=f[6]=1; f[2]=0; f[5]=1;
  for (i=7; i<=n; i++)
      f[i] =!( f[i-1] && f[i-3] && f[i-4] && f[i-6]);
  return f[n];
}
```

例 2.3 间接递推。现有四个人做传球游戏,要求接球后马上传给别人。由甲先传球,并作为第 1 次传球,求经过 10 次传球仍回到发球人甲手中的传球方式的种数。

分析：先定义两个问题：

(1) 当前球在甲手中,传球 i 次又回到甲作为一个问题 F_i,其传球方式数为 $f(i)$。

(2) 当前球不在甲手中,经过 i 次传球回到甲作为问题 G_i,其传球方式数为 $g(i)$。

思考问题(1),甲传出一个球后,接球的人面临成一个问题 G_{i-1},由于甲可以传给 3 个不同的人,因此有

$$f(i) = 3g(i-1) \tag{2.3}$$

思考问题(2),持球的人可以传球给甲,也可以传球给其他两个人,传给甲就面临一个 F_{i-1}的问题,而传给其他人,则面临一个 G_{i-1}的问题,因此有

$$g(i) = f(i-1) + 2g(i-1) \tag{2.4}$$

式(2.3)和式(2.4)是本例的递推公式，构成了一个间接递推。考虑递推的起点，$f(1)=0$，因为球在甲手中时，传1次球不可能回到甲手中。$g(1)=1$，因为球不在甲手中，1次传给甲只有1种方式，就是传给甲。

算法 2.4

```
#define MAX 100
int f[MAX];
int g[MAX];
int ball(int n){
//输入：传球次数
//输出：回到甲的传球方式总数
    int i;
    f[1]=0; g[1]=1;
    for (i=2; i<=n; i++) {
        f[i] =3*g[i-1];
        g[i]=f[i-1]+2*g[i-1];
    }
    return f[n];
}
```

最后，如果将式(2.3)代入式(2.4) 有

$$g(i)=3g(i-2)+2g(i-1)$$

故得到一个二阶递推，可以设计另外一种递推算法。

例 2.4 Bernoulli-Euler 装错信问题。某人写好了 100 个信封和 100 封信，准备发给100个不同的人，问：将所有的信都装错信封的情况共有多少种？

分析：将 i 个信封和 i 封信的错装问题记为 F_i，其错装情况数为 $f(i)$。不妨考虑在信封1中错装入信2，那么面临这样一个问题：在余下的 $i-1$ 个信封和 $i-1$ 封信中，有 $i-2$ 个信封和信是一一对应的，还有信1没有信封，信封2没有信，需要将这 $i-1$ 个信封和信错装。

此时，我们需要考虑一个错装问题 G_i：i 个信封和有 i 封信，其中有一信封 a 没有信，有一封信 b 没有信封，其他 $i-1$ 个信封和 $i-1$ 封信是一一对应的，所有的信都错装的情况为 $g(i)$。

定义了 G_i 后，我们可以发现，在处理问题 F_i 时，信封1可以分别错装信 $2,3,\cdots,i$，导致了 $i-1$ 个 G_{i-1} 问题，从而有

$$f(i)=(i-1)g(i-1) \tag{2.5}$$

再考虑问题 G_i，如果把没有信封的那封信 b 装入没有信的那个信封 a，则剩下的 $i-1$ 个信封和信是一一对应的，它们要错装则导致问题 F_{i-1}；而如果让信 b 装入任意其他 $i-1$ 个信封，则遇到一个问题 G_{i-1}。故

$$g(i)=f(i-1)+(i-1)g(i-1) \tag{2.6}$$

上述分析可见图 2.2，其中每个大方框表示一个问题，小方框表示已经装好信的信封。左边问题 F_5，通过把 2、3、4、5 封信装入信封1，得到了中间的一列 4 个 G_4 问题，因此

$f(5)=4g(4)$。对于一个第一个 G_4 问题，当把信件 1 装入信封 2 时，剩下右上角一个 F_3 问题，而把信件 1 装入其他信封时，面临 3 个右下的 3 个 G_3 问题，因此 $g(4)=f(3)+3g(3)$。

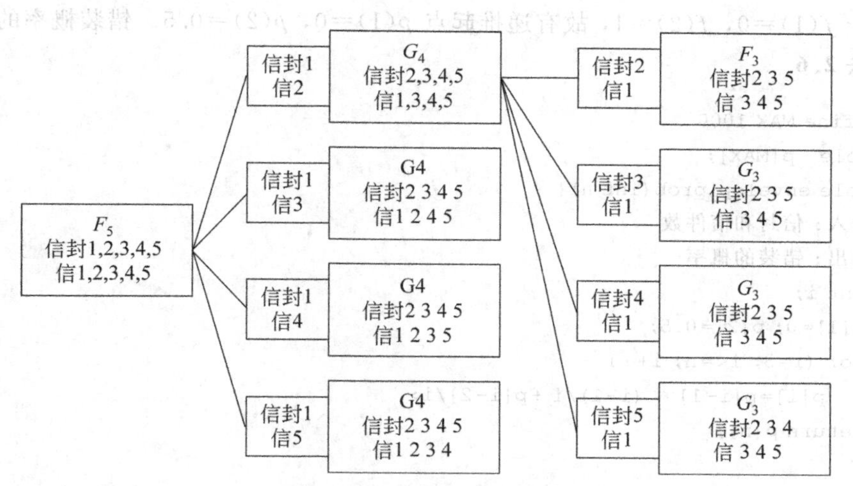

图 2.2 信封错装问题示意图

递推的起点是 $f(1)=0$，$g(1)=1$，因为 1 封信和 1 个信封一一对应时不存在错装问题，而不对应时，有 1 次错装。

算法 2.5

```
#define MAX 1000
int f[MAX];
int g[MAX];
int envelop(int n){
//输入：信封和信件数
//输出：错装数
   int i;
   f[1]=0; g[1]=1;
   for (i=2; i<=n; i++) {
       f[i] = (i-1) * g[i-1];
       g[i]=f[i-1]+(i-1) * g[i-1];
   }
   return f[n];
}
```

根据式(2.5)和式(2.6)有：

$$g(i)=f(i)+f(i-1) \tag{2.7}$$

$$f(i)=(i-1)(f(i-1)+f(i-2)) \tag{2.8}$$

从而可知 $f(i)$ 的增长非常快，上述算法程序很快会溢出，但是可以进一步计算错装的概率。因为 i 封信的可能装载数为 $i!$，以 $p(i)$ 记问题 F_i 中错装的概率，则概率 $p(i)=$

$f(i)/i!$，根据式(2.8)有递推公式：

$$p(i)=\frac{i+1}{i}p(i-1)+\frac{1}{i}p(i-2)$$

由于 $f(1)=0$，$f(2)=1$，故有递推起点 $p(1)=0$，$p(2)=0.5$。错装概率的算法为

算法 2.6

```
#define MAX 1000
double  p[MAX];
double envelop_prob(int n){
//输入：信封和信件数
//输出：错装的概率
   int i;
   p[1]=0; p[2]=0.5;
   for (i=3; i<=n; i++)
      p[i]=p[i-1] *  (i-1)/i +p[i-2]/i;
   return p[n];
}
```

例 2.5 逆递推。有一种用硬币下棋的游戏，棋盘上标有第 0 站，第 1 站，第 2 站，……，第 100 站。一枚棋子开始在第 0 站，棋手每掷一次硬币，棋子跳动一次：若掷出的是正面，棋子向前跳两站，若掷出的是反面，则棋子向前跳一站，直到棋子恰好跳到第 99 站（胜利大本营）或第 100 站（失败大本营）时，游戏结束。如果硬币出现正反面的概率都是 0.5，分别求棋子跳到胜利大本营与失败大本营的概率。

分析：如果记从第 i 站开始，最后结束于第 100 站的概率为 $f(i)$。而从第 i 站，投掷一次硬币，有 0.5 的概率进入 $i+1$ 站，0.5 的概率进入 $i+2$ 站，故

$$f(i)=0.5f(i+1)+0.5f(i+2)$$

这是一个逆递推的情形。递推起点是 $f(100)=1$，$f(99)=0$。

算法 2.7

```
#define MAX 1000
double  f[MAX];
double prob(){
//输入：无
//输出：结束于胜利大本营的概率
   int i;
   f[100]=1; f[99]=0;
   for (i=98; i>=0; i--)
      f[i]=0.5 * f[i+1]+0.5 * f[i+2];
   return f[0];
}
```

例 2.6 栈是一种线性数据结构，栈的操作包括数据的进栈出栈，遵从先进后出的原则。如果在空栈中发生出栈操作，则称为一次错误操作。对 3 个元素依次进栈，（进，出，进，出，进，出）是一个合法的操作序列，而（进，出，出，进，进，出）则是错误的，因为第 2 次

出时面临的是空栈。

现有 n 个元素，问存在多少种合法的操作序列？

分析：判断一个操作序列合法的原则是在任何操作时刻，发生的进栈的次数不能小于出栈的次数。以进栈次数 i 和出栈次数 j 作为变元来递推计算，以 $S_{i,j}$ 表示之前已经进行过 i 次进栈和 j 次出栈时面临的状态，以 $f(i,j)$ 表示进入该状态的合法的操作序列数。观察可知：

(1) 当只有进栈没有出栈时，只有一种操作序列，即

$$f(i,\ 0)=1$$

(2) 当进栈少于出栈时，没有合法操作序列，即当 $i<j$ 时，

$$f(i,\ j)=0$$

(3) 其他情况下，满足 $i>=j$ 且 $j>0$，此时 $S_{i,j}$ 是由 $S_{i-1,j}$ 经过最后进行一次进栈，或者由 $S_{i,j-1}$ 经过最后一次出栈操作形成的，因此有递推关系

$$f(i,j)=f(i-1,j)+f(i,j-1)$$

一个计算 5 个元素的合法操作序列数目 $f(i,j)$ 的计算情况如图 2.3 所示，首先是 6×6 的空格，其计算顺序是先按(1)和(2)填好第 1 列的值 1 和 $i<j$ 时上三角的 0，然后逐行按(3)填写其他空格。

	j= 0	1	2	3	4	5
i= 0	1	0	0	0	0	0
1	1	1	0	0	0	0
2	1	2	2	0	0	0
3	1	3	5	5	0	0
4	1	4	9	14	14	0
5	1	5	14	28	42	42

图 2.3　5 个元素的进出栈合法操作计算

算法 2.8

```
#define MAX 200
int  f[MAX][MAX];
int stack(int n){
//输入：元素个数
//输出：进出栈的方式数
   int i,j;
   for (i=0;i<=n;i++)
       f[i][0]=1;
   for (i=1;i<=n;i++)
```

```
        for (j=1;j<=i;j++)
            f[i][j]=f[i-1][j]+f[i][j-1];
    return f[n][n];
}
```

这是一个二维的递推问题，算法时间复杂性是 $O(n^2)$。

例 2.7 递推的嵌套。用 100 元人民币购买物品，规定只能购买三种物品：(1)甲物品单价 1 元；(2)乙物品单价 2 元；(3)丙物品单价 3 元。试问有多少种方式花完这 100 元钱？

分析：假设甲乙丙三种物品各买 x、y、z 个，则涉及一个不定方程 $x+2y+3z=100$ 的求解问题，问整数解 (x, y, z) 有多少组？比较直接的计算方法是采用三重循环对 x、y、z 进行穷举（暴力求解）：

```
c=0;
for (x=0;x<=100;x++)
   for (y=0;y<=100;y++)
      for (z=0;z<=100;z++)
          if (x+2 * y+3 * z ==100) c++;
```

上述代码段需要执行要进行 100^3 次购买判断。现寻找问题的递推关系，以求降低时间复杂性。

首先，以人民币数目 i 为变量，原问题用 F_i 表示，购买方式数为 $f(i)$。F_i 可以分解为两个问题求解：(1)甲物品 1 个都不买，只买乙和丙。不妨称为问题 G_i，其购买方式为 $g(i)$。(2)甲物品买 1 个后，余下 $i-1$ 元人民币，则又面临一个问题 F_{i-1}。由此能得到一个相应的递推关系：

$$f(i) = g(i) + f(i-1)$$

其次对问题 G_i，又可以分解为两个问题：(1)乙物品 1 个都不买，只买丙。不妨记为 H_i，其购买方式数为 $h(i)$。(2)乙物品买一个，余下 $i-2$ 元，又面临一个问题 G_{i-2}。由此得到一个递推关系：

$$g(i) = h(i) + g(i-2)$$

最后，对问题 H_i，由于只买丙物品，如果能被 3 整除，则存在一种方式购买丙，否则没法购买。即：

$$h(i) = 1 \text{ if } i\%3 == 0 \text{ else } 0$$

当人民币总数为 0 时，F、G、H 问题都有一组解，就是一个物品都不买，故 $f(0)$、$g(0)$、$h(0)$ 为 1。当人民币总数为 1 时，F 有一组解，即买一个甲物品，而 G 和 H 无解，故 $f(1)=1$，$g(1)=h(1)=0$。

算法 2.9

```
#define MAX 1000
int  f[MAX], g[MAX],h[MAX];
int buy(int n){
//输入：人民币数目
```

```
//输出：购买方式数
    int i;
    f[0]=g[0]=h[0]=1;
    f[1]=1;g[1]=0;h[1]=0;
    for (i=2; i<=n; i++) {
        h[i]=(i%3==0)?1:0;
        g[i]=h[i]+g[i-2];
        f[i]=g[i]+f[i-1];
    }
    return f[n];
}
```

这个递推的算法时间复杂性为 $O(n)$，比前面的暴力求解降低了 2 阶。

例 2.8 更高维递推。一个地图划分成 10×10 个方格，每一个方格 (x,y) 中放着一个财宝，价值 $A(x,y)$，所有财宝最大价值为 100。某人 p 从地图左上角出发，每次向右或向下移动一个方格，如果发现方格中的财宝价值比手中的都大，则可以拾取该财宝。现规定移动到右下角的方格后，手中财宝总价值刚好 200。问有多少种处理方案可以满足要求？

分析：以一个四元组 (x, y, i, j) 表示某人 p 的一个状态，其横坐标 x，纵坐标 y，手中的财宝总价值 i，以及单个财宝的最大价值 j。开始状态为 $(0, 0, 0, 0)$，以 $f(x, y, i, j)$ 表示从开始状态到达 (x, y, i, j) 的移动方案数。

则有下面的递推关系，

(1) 在第 $(0,0)$ 方格，$f(0, 0, 0, 0) = 1$，$f(0, 0, A(0,0), A(0,0)) = 1$，对其他的 i, j，$f(0, 0, i, j)=0$。

(2) 考虑在第 0 行的其他方格的各种状态 $(x, 0, i, j)$。p 是从左边方格迁移过来，可能是不取 $(x, 0)$ 方格的财宝形成，即从状态 $(x-1, 0, i, j)$ 迁移过来；还可能是提取了 $(x, 0)$ 方格里面的财宝形成，则从 $(x-1, 0, i-A(x, 0), k)$，$k<A(x, 0)$ 迁移过来，此时必须同时满足 $i \geqslant A(x,0)$ 和 $j=A(x, 0)$。故在 $(x, 0)$ 的财宝可取可不取的时候有

$$f(x,0,i,j) = f(x-1,0,i,j) + \sum_{k<A(x,0)} f(x-1,0,i-A(x,0),k)$$

如果不满足 $i \geqslant A(x,0)$ 和 $j=A(x, 0)$，则 $A(x,0)$ 中的财宝不能取，有

$$f(x, 0, i, j) = f(x-1, 0, i, j)$$

(3) 同理，在第 0 列的其他方格，p 是从上面的方格迁移下来，如果满足 $i \geqslant A(0,y)$ 并且 $j=A(0, y)$，则处理方案中对 $A(0, y)$ 的财宝可取可不取，有

$$f(0,y,i,j) = f(0,y-1,i,j) + \sum_{k<A(0,y)} f(0,y-1,i-A(0,y),k)$$

否则 $A(0, y)$ 中的财宝不能取，有

$$f(0,y, i, j) = f(0, y-1, i, j)$$

(4) 在其他方格，p 可能是左边方格迁移过来，也可能是上面方格迁移下来。如果满足 $i \geqslant A(x,y)$ 并且 $j=A(x, y)$，有

$$f(x,y,i,j) = f(x-1,y,i,j) + \sum_{k<A(x,y)} f(x-1,y,i-A(x,y),k) + f(x,y-1,i,j) + \sum_{k<A(x,y)} f(x,y-1,i-A(x,y),k)$$

否则，有

$$f(x,y,i,j)=f(x-1,y,i,j)+f(x,y-1,i,j)$$

算法 2.10

此时 f 为 4 个变元，因此需要用到 4 维数组表示，$A(x,y)$用二维数组表示。

```
#define  MX   3    //长
#define  MY   3    //宽
#define  MU   10  //每格最多钱
#define  MS   20  //钱总数
int   A[MX][MY]={1,2,3,4,5,6,7,8,9};
int   f[MX][MY][MS+1][MU+1];
int  money(int n){
//输入：n是最后手中有的钱总数
//输出：方案数
    int i,j,x,y,k,sum;
    f[0][0][0][0]=1;
    f[0][0][A[0][0]][A[0][0]]=1;

    for(x=1;x<MX;x++)
        for(i=0;i<=MS;i++)
            for(j=0;j<=MU;j++){
                sum=0;
                if(j==A[x][0] && i>=A[x][0])
                    for(k=0;k<A[x][0];k++)
                        sum+=f[x-1][0][i-A[x][0]][k];
                f[x][0][i][j]=f[x-1][0][i][j]+sum;
            }

    for(y=1;y<MY;y++)
        for(i=0;i<=MS;i++)
            for(j=0;j<=MU;j++){
                sum=0;
                if(j==A[0][y]&&i>=A[0][y])
                    for(k=0;k<A[0][y];k++)
                        sum+=f[0][y-1][i-A[0][y]][k];
                f[0][y][i][j]=f[0][y-1][i][j]+sum;
            }

    for(x=1;x<MX;x++)
        for(y=1;y<MY;y++)
            for(i=0;i<=MS;i++)
                for(j=0;j<=MU;j++){
                    sum=0;
                    if(j==A[x][y]&& i>=A[x][y])
```

```
                for (k=0;k<A[x][y];k++)
            sum+=f[x-1][y][i-A[x][y]][k]+f[x][y-1][i-A[x][y]][k];
            f[x][y][i][j]=f[x-1][y][i][j] +f[x][y-1][i][j]+sum;
        }
    sum=0;
    for (j=0;j<=n;j++)
        sum +=f[MX-1][MY-1][n][j];
    return sum;
}
```

2.2 递归函数

在计算机科学中,如果一个函数的实现中,出现对函数自身的调用语句,则该函数称为递归函数。在递归函数的执行中,递归语句会再次激活执行,因此递归函数中定义中虽然不出现循环语句,但实质上却能完成循环处理。

应用递推算法的问题,也可以用递归函数求解。例2.1的递归算法实现如下:

算法2.11

```
int line(int i) {
//输入:线数目
//输出:返回平面划分数
   if (i<=0)
       return 1;
   else
       return line(i-1)+i;
}
```

例2.2的递归算法实现如下:

算法2.12

```
int game(int i){
//输入:石头数
//输出:返回1表示先取会赢,0表示先取会输
   int D[]={0,1,0,1,1,1,1};
   if (i<7)
      return D[i];
   else
      return !( game(i-1) && game(i-3) && game(i-4) && game(i-6));
}
```

例2.3可以通过两个递归函数实现如下:

算法2.13

```
int f(int i){
```

```
//输入：传球次数
//输出：回到甲的传球方式总数
   if( i==0)
     return 1;
   else
     return 3 * g(i-1);
}
int g(int i){
   if( i==0)
     return 0;
   else
     return f(i-1)+2 * g(i-1);
}
```

例 2.6 的递归实现如下：

算法 2.14

```
int f(int i,int j){
   if( j==0)
     return 1;
   else if (i<j)
     return 0;
   else
     return f(i-1,j)+f(i,j-1);
}
```

通过上述实现，可以看出递归算法形式上有以下特点：

(1) 递归算法开始应处理递推起点的问题，否则算法会进入无限执行状态。

(2) 递归算法也依赖于递推关系，以递归函数自身调用的方式，完成递推。

(3) 递推代码以循环的方式，解决了“怎么做”的问题。而递归算法中，通过调用自身，回答“做什么”的问题。

递归算法的通用模式是：

```
if 输入量是递推起点
    使用非递归的方法得到计算结果
else
    调用自身，计算递推公式右边所要求的子问题
    根据递推公式综合子问题的解，获得原问题的解
```

2.3 递归函数的执行过程

某程序 A 调用子程序 P 时，系统会给 P 建立一个“激活帧”，包含程序的参数、局部变量、返回值以及 P 执行完毕后返回到 A 程序的指令地址 x 等。激活帧保存在系统称为栈的内存区。随后子程序 P 开始执行，程序 A 等待 P 的计算结果。

当 P 执行完毕后，指令控制又回到 A 程序，A 能从激活帧获得 P 程序的计算结果，并从 x 处继续完成后续工作。

一个程序 A 称为递归程序，如果 A 的指令中直接或间接地调用了 A 本身。例如，一个求 $n!$ 的递归子程序，可以先调用自身求出 $(n-1)!$，然后乘以 n 得到 $n!$。

算法 2.15 求 $n!$ 的递归算法。

```
int factorial (int n){
//输入：整数 n
//输出：n!值
1  int f=0;
2  if (n==0)
3     return 1;
4  else {
5     f=factorial(n-1);
6     return n * f;
   }
}
```

在算法 2.15 的第 5 行中，调用自身先计算出 f=factorial(n−1)亦即 $(n-1)!$ 的结果 f，第 6 行中 n * f 就是 $n!$ 的计算结果。

实际上，在计算 factorial(n−1) 时还会调用 factorial(n−2)，一直自我调用下去，直到计算 factorial(0)。递归函数每次调用自身都会生成一个激活帧，同时把计算控制交给下一次调用。这些激活帧存在系统中先进后出的栈里。

例如，有这样一个 main 程序使用 factorial 函数：

```
int main()
{
1  int f;
2  f=factorial(5);
3  printf("%d", f);
4  return 0;
}
```

如图 2.4 所示，main 在自己的第 2 行要计算 factorial(5)的值，系统给函数 factorial 建立激活帧 1，包含变量 n、f 以及计算完毕后准备回到 main 的第 2 行地址。而 factorial(5)在执行到第 5 行代码准备进入 factorial(4)的代码执行时，也需要为此次调用建立一个新的激活帧 2，包括 n、f 已经准备返回 factorial 的第 5 行地址。而在 factorial(4)再次执行到第 5 行时，会因为需要计算 factorial(3)而建立一个新的激活帧 3。依次类推，直到计算 factorial(0)时，共有 6 个激活帧都依次保存在系统的栈中，每个激活帧中的 n、f 等存储空间都是独立的。

激活 6 运行时，不再执行递归，开始退栈。运行到第 3 行得到 0!＝1。系统会根据激活帧 6 的返回地址第 5 行退回到第 5 次激活的第 5 行。

激活1 n=5 f=0 第2行	激活2 n=4 f=0 第5行	激活3 n=3 f=0 第5行	激活4 n=2 f=0 第5行	激活5 n=1 f=0 第5行	激活6 n=0 f=0 第5行	栈顶

图 2.4　系统栈中保存的递归函数的 6 个激活帧

激活 5 接着执行第 5 行，将 f 变为 1，再执行第 6 行，得到 n * f=1，然后退回到激活 4 的第 5 行。

激活 4 将 f 变为 1，执行第 6 行，得到 n * f=2 * 1=2，然后回到激活 3 的第 5 行；

激活 3 将 f 变为 2，执行第 6 行，得到 n * f=3 * 2=6，然后回到激活 2 的第 5 行；

激活 2 将 f 变为 6，执行第 6 行，得到 n * f=4 * 6=24，然后回到激活 1 的第 5 行；

激活 1 则将 f 变为 24，执行第 6 行，得到 n * f=5 * 24=120，然后回到调用 factorial(5)的外部程序 main 的第 2 行。main 的第 2 行就得到结果 f=120。

2.4　递归函数的时间复杂性与递归树

递归函数是通过对自身的反复调用完成计算的，因此虽然递归函数的定义语句中不出现循环，但其执行却是重复的，其时间复杂性一般要高于该问题的递推算法。例如 2.3 节中求阶乘的递归算法，其递归执行进行了 n 次，因此其算法时间复杂性是 $O(n)$。

递归函数的时间复杂性分析的依据是递推关系式。例如 Fibonacci 数列的递归算法：

算法 2.16

```
0  int fib(int n){
1    int f;
2    if (n<2)
3       f=1;
4    else
5       f=fib(n-1)+fib(n-2);
6    return f;
}
```

假设算法 2.16 计算 fib(n)的时间是 $T(n)$：

(1) 在递推起点，只执行语句 2 和 3，因此 $T(0)=T(1)=O(1)$。

(2) 在 n>2 时，执行 5 语句。因为 fib(n)的计算时间是 $T(n)$，则 fib($n-1$)和 fib($n-2$)的计算时间为 $T(n-1)$和 $T(n-2)$，加上语句 5 中一个求和的执行时间 1，算法的时间复杂性满足

$$T(n) = 1 + T(n-1) + T(n-2) \tag{2.9}$$

式(2.9)表明递归算法时间复杂性函数本身也是一个递归的数学函数。可以采用递归树的方式来分析和计算式(2.9)。递归树实际上是将式(2.9)的右边反复展开，不过用

树的方式更容易观察和理解。图 2.5 是树的节点表示，图 2.6 表示以 $T(n)$ 的非递归部分作为父亲节点，将 $T(n-1)$ 作为左孩子，$T(n-2)$ 作为右孩子，构成一个三个节点的树，则 $T(n)$ 为所有节点的和。图 2.7 表示继续将每个孩子节点根据递推公式展开成一个子树，最后形成的递归树。

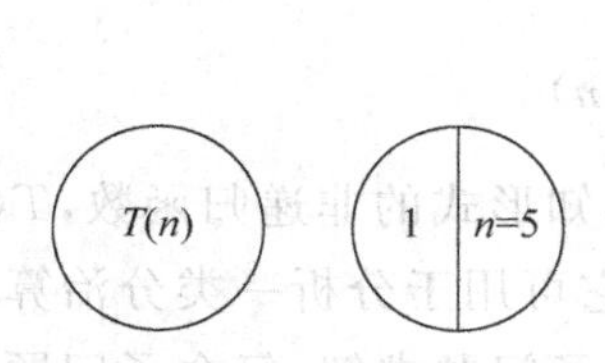

图 2.5 递归树的图元，左边图元表示时间 $T(n)$，右边图元 $n=5$ 时，式(2.9)中非递归部分的时间

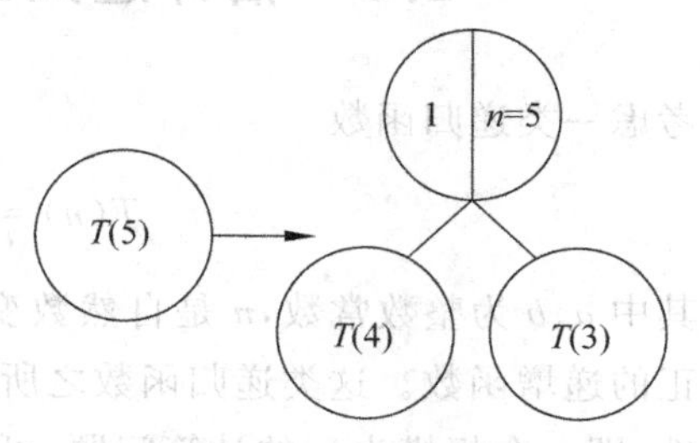

图 2.6 计算时间可以表示成一个递归树，计算时间为树所有节点的和

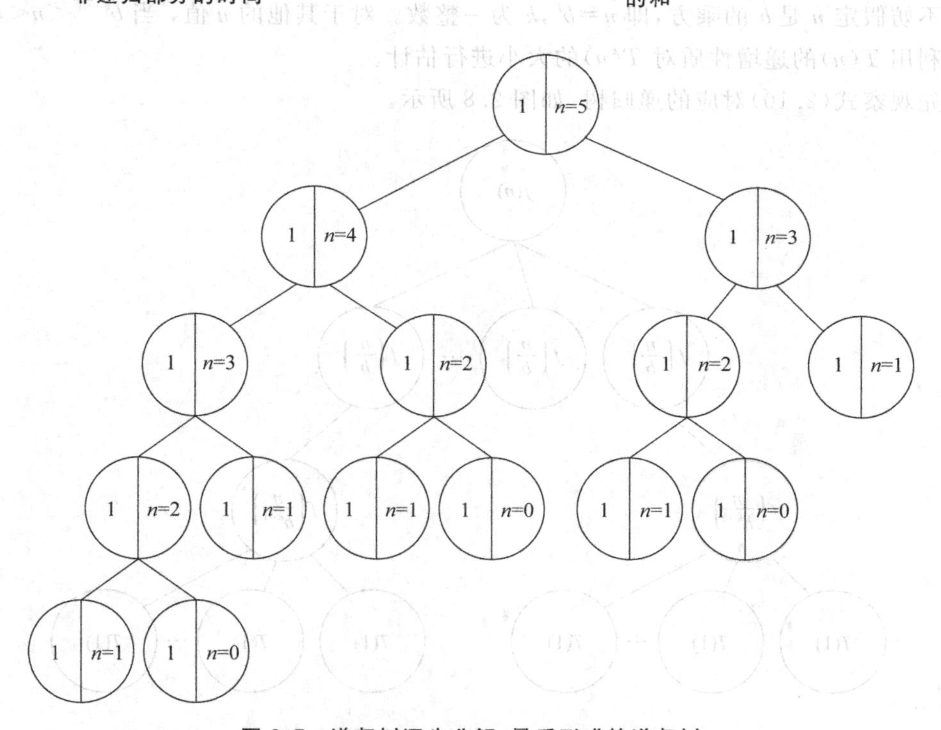

图 2.7 递归树逐步分解，最后形成的递归树

递归树的展开过程中，递归算法的计算时间是所有节点时间之和的关系是保持不变的。图 2.7 中共有 15 个时间为 1 的节点，说明 $T(5)=15$。

Fibonacii 数列的递归算法的递归树是一个二叉树，问题的规模是树的高度。我们知道二叉树的结点总数与高度是指数级的关系，那么 Fibonacci 数列的递归算法的时间复杂性是指数阶的。也可以用下面的方法简单估计：

因为 $T(n)=1+T(n-1)+T(n-2)$，容易知道 $T(n)$ 是上升的，因此 $T(n-1)>T(n-2)$，从而 $T(n)>2T(n-2)$，故 $T(n)>2^{\frac{n}{2}}T(1)=\Omega(1.4^n)$。

2.5 估计递归函数的复杂度的主方法

考虑一类递归函数

$$T(n)=aT\left(\frac{n}{b}\right)+f(n) \tag{2.10}$$

其中 a、b 为整数常数，n 是自然数变量，$f(n)$ 是已知形式的非递归函数，$T(n)$、$f(n)$ 都是正的递增函数。这类递归函数之所以重要，因为它可用于分析一类分治算法的时间复杂性，即一个规模为 n 的计算问题，可以划分为 a 个子问题求解，每个子问题的规模是 $\frac{n}{b}$，另外还需要 $f(n)$ 的时间处理其他问题。具体应用在第 3 章中介绍。

不妨假定 n 是 b 的乘方，即 $n=b^k$，k 为一整数。对于其他的 n 值，当 $b^{k-1}<n<b^k$ 时，可以利用 $T(n)$ 的递增性质对 $T(n)$ 的大小进行估计。

先观察式(2.10)对应的递归树，如图 2.8 所示。

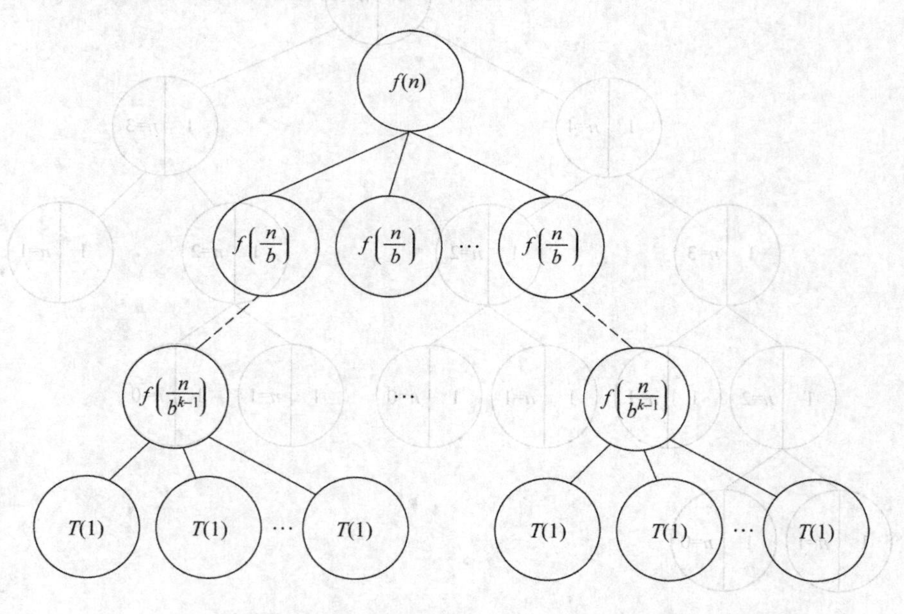

图 2.8 $T(n)=aT\left(\frac{n}{b}\right)+f(n)$ 的递归树

在图 2.8 中，第 0 层(树根)有一个节点 $f(n)$，第 1 层有 a 个节点 $f\left(\frac{n}{b}\right)$，第 $k-1$ 层有 a^{k-1} 个节点 $f\left(\frac{n}{b^{k-1}}\right)$，第 k 层有 a^k 个节点 $T(1)$，$T(n)$ 的值是这些节点的和。令常数 $E=\log(a)/\log(b)$，则 $a^k=a^{(\log_b n)}=n^E$，因此，最后 $T(n)$ 的表达式满足

$$T(n) = \sum_{i=0}^{i=k} a^i f\left(\frac{n}{b^i}\right) + \Theta(n^E) \tag{2.11}$$

根据式(2.11),有以下的判定方法(主方法):

情形 1 如果对某个 $\varepsilon>0$, 满足 $f(n)=O(n^{E-\varepsilon})$, 则 $T(n)=\Theta(n^E)$。

情形 2 如果对某个 $m\geqslant 0$, 满足 $f(n)=\Theta(n^E \log^m(n))$, 则 $T(n)=\Theta(n^E \log^{m+1}(n))$。

情形 3 如果对某个 $\varepsilon>0$, 满足 $f(n)=\Omega(n^{E+\varepsilon})$,同时对某个 $0<\varepsilon'<1$, 满足 $af\left(\frac{n}{b}\right)<\varepsilon' f(n)$, 则 $T(n)=\Theta(f(n))$。

证明:

(1) 设 $g(n)=n^{E-\varepsilon}$, 则 $a^{i+1}g\left(\frac{n}{b^{i+1}}\right)=b^\varepsilon a^i g\left(\frac{n}{b^i}\right)$,由于 $b^\varepsilon>1$, 故 $\sum_{i=0}^{i=k} a^i g\left(\frac{n}{b^i}\right)$是一个几何上升级数,满足 $\sum_{i=0}^{i=k} a^i g\left(\frac{n}{b^i}\right)=\Theta(n^E)$, 由于 $f(n)=O(g(n))$, 故存在 C,对所有的 $n\geqslant 1$ 满足 $f(n)\leqslant Cg(n)$,因此 $a^i f\left(\frac{n}{b^i}\right)\leqslant Ca^i g\left(\frac{n}{b^i}\right)$,故 $\sum_{i=0}^{i=k} a^i f\left(\frac{n}{b^i}\right)\leqslant C\sum_{i=0}^{i=k} a^i g\left(\frac{n}{b^i}\right)=O(n^E)$, 根据式(2.11), $T(n)=\Theta(n^E)$。

(2) 不妨令 $g(n)=n^E \log^m(n)$, 则 $a^i g\left(\frac{n}{b^i}\right)=n^E \log^m\left(\frac{n}{b^i}\right)$, 由 $n=b^k$ 有

$$\sum_{i=0}^{i=k} a^i g\left(\frac{n}{b^i}\right)=n^E \log^m(b)(1^m+2^m+\cdots+k^m)=\Theta(n^E k^{m+1})=\Theta(n^E \log^{m+1}(n))。$$

由于 $f(n)=\Theta(g(n))$,故 $\sum_{i=0}^{i=k} a^i f\left(\frac{n}{b^i}\right)=\Theta\left(\sum_{i=0}^{i=k} a^i g\left(\frac{n}{b^i}\right)\right)$, 从而 $T(n)=\Theta(n^E \log^{m+1}(n))$。

(3) $\sum_{i=0}^{i=k} a^i f\left(\frac{n}{b^i}\right)$ 构成一个几何下降级数,其级数和与首项同阶,因此 $T(n)=\Theta(f(n))$。

2.6 本章习题

习题 2.1 在一个圆上选择 n 个点并两两互连,设计算法求这些线将圆内部区域划分成几个部分?

习题 2.2 证明 Fibonacci 数列满足 $f(n)=\frac{1}{\sqrt{5}}(\varphi^n-(-\varphi)^{-n})$,其中 $\varphi=\frac{1+\sqrt{5}}{2}$。

习题 2.3 一个 $2\times n$ 的长方形网格,用 1×2 的小长方形拼填,试设计算法计算有多少种拼填方法?

习题 2.4 一个 $m\times n$ 的网格构成的棋盘,设计算法计算包含多少个正方形,多少个长方形?

习题 2.5 在如下图 5×8 的网格棋盘上,一个兵在(1, 1)点,只能向下或者向右行走,每次走一个网格。棋盘上有对方一只马,小兵应回避马的控制点(马控制日)。设计算

法计算小兵有多少种走法能到(5,8)点?

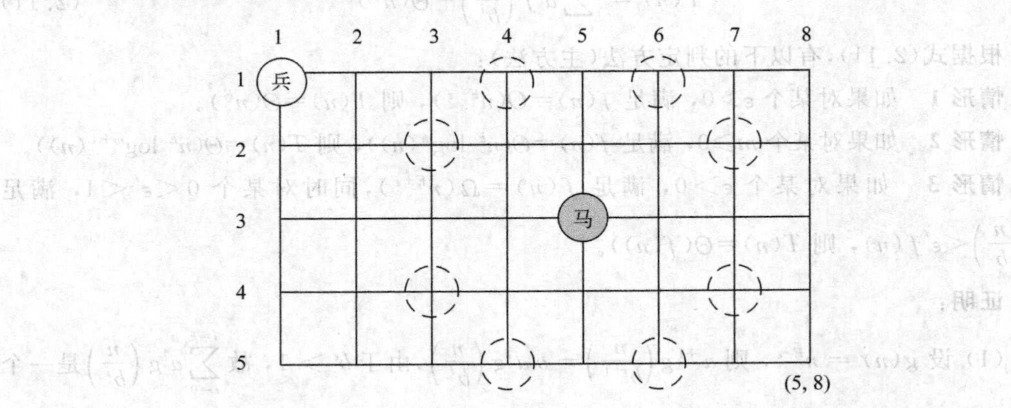

习题 2.6 对于一个有向图,有一个邻接矩阵 A 表达顶点之间的连接关系,即 $A[i][j]=1$ 表示顶点 i 到顶点 j 存在有向边,否则 $A[i][j]=0$。试设计一个算法输出矩阵 R, $R[i][j]=1$ 表示顶点 i 到顶点 j 存在路径,否则 $R[i][j]=0$。

习题 2.7 两个棋手 A 和 B 准备下棋 $2n-1$ 盘,谁胜了 n 盘算取得最后胜利。如果每一盘棋中 A 战胜的概率是常数 p,没有和局,试设计算法计算 A 取得最后胜利的概率。

习题 2.8 多个整数之间可能用"="号或者"<"号表达其大小关系,例如 3 个整数,共有类似于 $a=b=c$, $a<c=b$, $b=c<a$ 等 13 种关系表示,现有 n 个整数,设计算法计算可能有多少种不同的关系表示?

第 3 章 分治法

如果用算法 A 处理一个计算问题，当输入数据 D 是一个集合，其数据量比较大时，可以将 D 划分为几个子集 $D_1, D_2, \cdots, D_k$，然后使用算法 A 分别处理这些子集，最后将 k 个结果进行综合，从而得到原问题的解。这种方法称为分治法。

用递归函数框架描述分治法：

```
Divide_and_conquer(D) {
if  (集合 D 的数据量非常小,达到递归起点)
    用非递归方法直接处理 D,得到解 S;
else {
    将 D 分解为子集 D1, D2,…, Dk;
     for (i =1;i <=k;i++)
        Si=Divide_and_conquer(Di);
    综合 S1,S2,…,Sk,得到解 S;
}
```

分治法的执行步骤可以分为三个阶段，即划分数据阶段、递归处理阶段和综合合并阶段。有些问题的划分阶段时间费用较多，有些问题则合并阶段的时间费用较多。

3.1 二分搜索算法

问题：要求在一个 n 元已排序的数组 $A[n]$ 中，搜索一个特定元素 x。

3.1.1 问题分析与算法设计

搜索是计算机数据处理中常见的问题。在一个 n 元数组 $A[n]$ 中搜索一个特定元素 x，如果逐个比对，最坏的搜索时间是 $T(n)=O(n)$。但如果 n 个元素已经有序，则无须逐个比对，可以采用二分搜索方法提高效率。二分搜索方法就是一种分治方法。

更准确地说，二分搜索算法应称为"三分搜索"。算法计算数组的中点位置 $\frac{n}{2}$，然后将规模为 n 的数组划分成三部分，$A1=A\left[0:\frac{n}{2}\right]$[①]，$A\left[\frac{n}{2}\right]$，$A2=A\left[\frac{n}{2}+1:n\right]$。再分别对这

---

① 本书中，$A[i:j]$ 是指数组 A 的一个子数组，包括元素 $A[i], A[i+1], \cdots, A[j-1]$，注意不包括 $A[j]$，借用的是 Python 语言表示方法。

三部分进行处理，首先 x 与第二部分 $A\left[\frac{n}{2}\right]$ 比较，如果 $x=A\left[\frac{n}{2}\right]$ 则搜索成功。如果 $x>A\left[\frac{n}{2}\right]$，则 $A1$ 无须处理，只需在 $A3$ 中搜索。如果 $x<A\left[\frac{n}{2}\right]$ 则 $A3$ 无须处理，需要在 $A1$ 中搜索。如图 3.1 所示，在数组 $A[]=\{2,3,4,5,6,7,8,9\}$ 中搜索，因为中点 $A[4]$ 为 6，如果搜索值 x 是 6，则第一次与 $A[4]$ 比较时发现搜索成功。如果 x 值是 3，则因为 $3<A[4]$，需要在 $A1$ 中继续递归搜索。如果搜索 10，则因为 $10>A[4]$，需要在 $A3$ 中继续搜索。

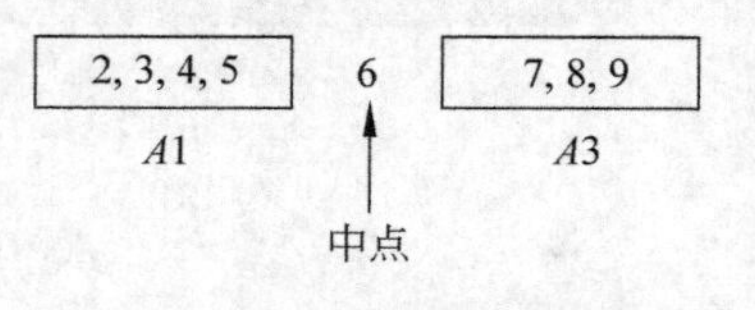

图 3.1　二分搜索示意图

按分治法的框架实现二分搜索如下：

算法 3.1

```
int BinarySearch(int A[],int n, int x){
//输入：有序数组 A,A 的元素个数 n,待查询数 x
//输出：查询失败返回-1,否则返回 x 的数组下标
   int mid, t;
   if (n<=0)
     return -1;
   else {
     mid=n/2;
     if (A[mid]==x)
           return mid;
     else if (x<A[mid])
           return  BinarySearch(A,mid, x);//在前一半中搜索
     else {
           t=BinarySearch(&A[mid+1], n-mid-1, x);   //在后一半中搜索
           return (t ==-1) ? -1:  mid+1+t;
     }
   }
}
```

3.1.2　时间复杂性分析

算法 3.1 每次递归时，需要搜索的元素集合缩小一半。当 x 不在 A 中时，需要搜索的时间最长。其最差时间复杂性符合下述递归方程

$$W(n)=W\left(\frac{n}{2}\right)+\Theta(1)$$

应用 2.5 节介绍的主方法，此时，$a=1$，$b=2$，$E=0$，$f(n)=\Theta(n^E\log^0(n))$ 符合主方法的情形 2，故有 $W(n)=\Theta(\log(n))$。

3.2　合并排序算法

问题：将一个 n 元数组 A 排序。

3.2.1 问题分析与算法设计

排序算法的功能是将一个数据集合(数组)按从小到大的顺序排序。合并排序是一种分治算法,其主要思路是:从数组中点将数据分为前后两组,分别对每组进行递归排序,然后将获得的两个有序的子数组合并成一个有序的数组。

如图3.2所示,对 $A=\{2,4,9,8,3,5,7,6\}$进行排序。在上述分治算法中,先将 A 划分成前半部分 $A1=\{2,4,9,8\}$ 和后半部分 $A2=\{3,5,7,6\}$,前一部分 $A1$ 递归排序后变成 $A1=\{2,4,8,9\}$,后一部分递归排序后变成 $A2=\{3,5,6,7\}$,递归排序后的 $A1$ 和 $A2$ 依然存在 A 中,即 $A=[2,4,8,9,3,5,6,7]$,它还不是整体有序的。然后使用一个合并程序 Merge 将 $A1$ 和 $A2$ 按序合并,完成最后的排序工作。

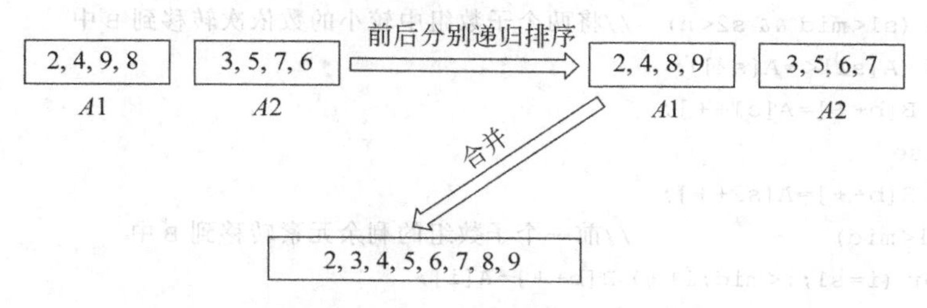

图3.2 合并排序示意图

算法3.2

```
int MergeSort( int A[], int n){
//输入:待排序数组 A, A 的元素个数 n
//输出:排序完成,返回 1
   if (n<=1)
      return 1;
   else {
      MergeSort(A,n/2);            //对 A[0:n/2]排序
      MergeSort(A+n/2, n-n/2);     //对 A[n/2:n]排序
      Merge(A,n);                  //合并
      return 1;
   }
}
```

3.2.2 Merge 函数

使用 Merge 函数合并时,可将前半部分 $A1$ 和后半部分 $A2$ 视为两个队列,每次将两个队列头部较小的数取出并存到一个辅助队列 B 中,直到 $A1$ 或者 $A2$ 某一个队列被取空。因此上例中依次进入 B 中的数据是$\{2,3,4,5,6,7\}$,$A2$ 变空。然后将 $A1$ 中剩余元素$\{8,9\}$转移到 B 中,即完成排序。最后将 B 的值复制回 A 即可。Merge 的具体实现如下:

算法 3.3

```
#define MAX 100
int B[MAX];
int Merge (int A[], int n) {
//输入：数组 A,前一半和后一半元素已排序,元素个数 n
//输出：排序完成,返回 1
    int mid,s1,s2,i, b;
    mid=n/2;      //划分两个子数组 A1=A[0:mid],和 A2=A[mid:n],这两个子数组已经有序
    s1=0;         //A1 的头部位置
    s2=mid;       //A2 的头部位置
    b=0;
    while (s1<mid && s2<n)  //将两个子数组中较小的数依次转移到 B 中
        if (A[s1]<=A[s2])
            B[b++]=A[s1++];
        else
            B[b++]=A[s2++];
    if (s1<mid)             //前一个子数组的剩余元素转移到 B 中
        for (i=s1;i<mid;i++) B[b++]=A[i];
    else
        for (i=s2;i<n;i++) B[b++]=A[i];  //后一个子数组的剩余元素转移到 B 中

    for (i=0;i<n;i++)       //将 B 的数据复制到 A 中
        A[i] =B[i];
    return 1;
}
```

3.2.3 时间复杂性分析

由于 Merge 所需要做的工作是将每个元素加入 B 中,一共有 n 个元素,故其复杂性为 $\Theta(n)$,从而算法 3.2 MergeSort 的时间复杂性满足下述的递归方程

$$T(n) = 2T\left(\frac{n}{2}\right) + \Theta(n)$$

应用 2.5 节介绍的主方法,此时 $a = 2$, $b = 2$, $E = 1$, $f(n)=\Theta(n^E \log^0(n))$符合主方法情形 2,故合并排序的时间复杂性为 $T(n)=\Theta(n\log(n))$。

3.3 快速排序算法

问题：将一个 n 元数组 A 排序。

3.3.1 固定主元的快速排序

快速排序也是一种基于分治法的排序方法。如图 3.3 所示,在划分阶段,它首先取数组的第一个元素,称为“主元”(pivot),然后将数组元素位置重新安排,并划分为 3 个部

分，主元位于中间某个位置，比主元小的数据排在主元前面，比主元大的数据排在主元的后面。显然，当递归完成了一、三两部分的排序后，整个数据的排序就完成了，不再需要一个额外的合并处理。可以注意到快速排序算法中划分处理耗费了主要的计算时间，而3.2节介绍的合并排序算法则是合并步骤耗费了主要时间。快速排序算法如下：

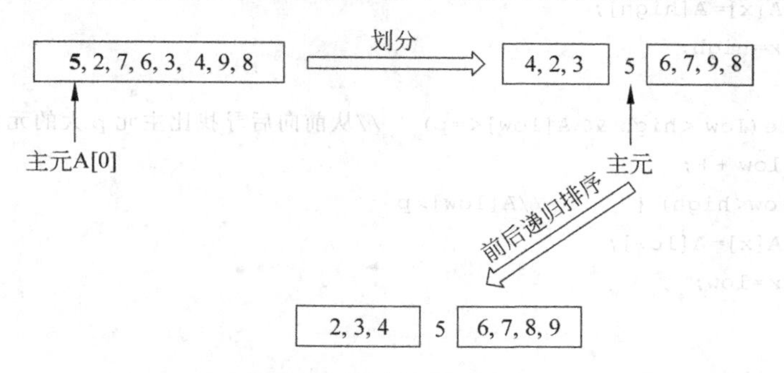

图 3.3 快速排序示意图

算法 3.4

```
int QuickSort(int A[], int n){
//输入：数组 A, 元素个数 n
//输出：排序完成,返回 1
  int p;
  if (n<=1)
    return 1;
  else{
    p=Partition(A,n);                  //划分
    QuickSort(A, p);                   //对第一部分排序
    QuickSort(A+p+1,n-p-1);            //对第三部分排序
    return 1;
  }
}
```

在算法 3.4 中，Partition 完成划分，其返回值 p 是主元在划分后的位置，划分后 $A[0:p]$的元素小于 $A[p]$，而 $A[p+1:n]$的元素不小于 $A[p]$。算法 3.5 是 Partition 的具体实现。

算法 3.5

```
int Partition(int A[], int n){
//输入：数组 A,元素个数 n
//输出：以 A[0]为主元的划分完成,返回主元的最终位置
   int low,high, x, p, i;
   p=A[0];    //记录主元
   x=0;       //空位置
   low=0;     //低指针
   high=n-1;  //高指针
```

```
    while (low<high){          //指针从两头相对扫描,直到相遇
      while (low<high && A[high]>p)  //从后向前寻找比主元 p 小的元素
          high --;
      if (low<high) {          //A[high]<=p
          A[x]=A[high];
          x=high;
      }
      while(low <high && A[low]<=p)    //从前向后寻找比主元 p 大的元素
          low ++;
      if(low<high) {           //A[low]>p
          A[x]=A[low];
          x=low;
        }
    }
    A[x]=p;
    return x;
}
```

Partition 的时间复杂性为 $\Theta(n)$。如果每次划分时第一组和第三组的元素个数相当，则快速排序算法 3.4 的时间复杂性为 $T(n)=2T(n/2)+\Theta(n)$，根据主方法，$T(n)=\Theta(n\log(n))$。

但是，在极端情况下，例如数组 A 原来就有序，此时以首元素为主元，每次划分都导致第一组没有元素，则时间复杂性方程是 $T(n)=T(n-1)+\Theta(n)$，导致 $T(n)=\Theta(n^2)$，可见主元的选择对算法时间复杂性有较大的影响。

3.3.2 随机选主元的快速排序

为了使快速排序具有较好的平均性能，我们希望划分时能尽量避免第一、三组元素个数不平衡的情形。如果参与排序的数据值是均匀分布，可以采取随机选主元的策略，以避免极端情况。在随机选主元时，Partition 算法需要做少量修改：

算法 3.6

```
#include <stdlib.h>
int Partition(int A[], int n){
//输入: 数组 A,元素个数 n
//输出: 随机选主元,完成划分,返回主元的最终位置
   int low,high, x, p, i;
   x=1.0 * rand()/RAND_MAX * n;            //随机挑选的主元位置
   p=A[x];
   A[x]=A[0];
   x=0;
   low=0;      //低指针
   high=n-1;  //高指针
   while (low<high){          //指针从两头相对扫描,直到相遇
```

```
        while (low<high && A[high]>p)    //从后向前寻找比主元 p 小的元素
            high --;
        if (low<high) {          //A[high]<=p
            A[x]=A[high];
            x=high;
        }
        while(low <high && A[low]<=p)    //从前向后寻找比主元 p 大的元素
            low ++;
        if(low<high) {          //A[low]>p
            A[x]=A[low];
            X= low
        }
    }
    A[x]=p;
    return x;
}
```

用 $p(i)$ 表示三组划分的元素数目比为 $i:1:(n-i-1)$ 的概率，假设主元是以均匀分布方式随机挑选，故 $p(i)=1/n$ 则随机选主元的快速排序算法平均时间复杂性 $A(n)$ 满足

$$A(n) = \sum_{i=0}^{n-1} p(i)(A(i)+A(n-i-1)+f(n)) = f(n)+\frac{2}{n}\sum_{i=0}^{n-1}A(i) \quad (3.1)$$

现用归纳法证明存在常数 C_1, C_2 使得

$$A(n) \leqslant C_1 n\log(n) + C_2 \quad (3.2)$$

(1) $A(0), A(1)$ 的时间为常数，故取 $C_2 > \max(A(0), A(1))$，则在 $n=0$ 和 1 时式(3.2)满足。

(2) 假设对于所有的 $i<n$，式(3.2)成立，再设 $f(n) < C_3 n$，则由式(3.1)有

$$A(n) \leqslant C_3 n + \frac{2}{n}\sum_{i=0}^{n-1} C_1 i\log(i) + 2C_2 \quad (3.3)$$

由于 $\sum_{i=0}^{n-1} i\log(i) \leqslant \int_1^n x\log(x)\mathrm{d}x = \frac{1}{2}n^2\log(n) - \frac{1}{4}n^2 + \frac{1}{4}$，根据式(3.3)有

$$A(n) \leqslant C_3 n + C_1 n\log(n) - \frac{C_1}{2}n + \frac{C_1}{2n} + 2C_2$$

$$\leqslant C_1 n\log(n) + C_2 - \left(\frac{C_1}{2}n - C_3 n - C_2 - \frac{C_1}{2n}\right)$$

容易验证，当取 $C_1 > \frac{8}{3}C_3 + \frac{4}{3}C_2$，对所有的 $n \geqslant 2$，满足 $\left(\frac{C_1}{2}n - C_3 n - C_2 - \frac{C_1}{2n}\right) \geqslant 0$，从而保证了 $A(n) \leqslant C_1 n\log(n) + C_2$。

式(3.2)成立表明快速排序算法的平均复杂性是 $A(n)=O(n\log(n))$。

3.4 搜索第 k 元

问题：n 元数组 A 中，寻找大小排第 k 位的元素。

3.4.1 平均时间为线性

实践中常常需要选出 n 个数据中大小排在某个位置 k 的元素，例如选取中位数就是选出大小排在 $n/2$ 的元素。这类需求的一个简单解决方案是对数据排序，然后得到位置 k 的元素，但是排序算法的时间复杂性是 $O(n\log(n))$。本节使用分治法，使搜索第 k 元的时间复杂性为 $O(n)$。

利用 3.3 节介绍的划分方法 Partition 的思路，对数据进行划分，形成三个部分：第一部分元素小于主元，第二部分元素就是主元，第三部分元素不小于主元。如果此时主元的位置刚好是 k，则完成搜索，第 k 元就是主元。如果主元的位置小于 k，则在第三部分元素中进行递归搜索，否则在第一部分元素中进行搜索。

算法 3.7

```
int Search(int A[],int n, int k){
//输入：数组 A,元素个数 n,需要查找的大小顺序 k
//输出：数组 A 的元素顺序已经变化。查询失败返回-1,成功则返回在 A 中的位置
  int i;
  if(k>=n)
    return -1;
  else{
    i=Partition(A,n);
    if (i==k)
      return i;
    else if (i>k)
      return Search(A,i,k);
    else
      return i+1+Search(A+i+1,n-i-1,k-i-1);
  }
}
```

下面分析 Search 算法 3.7 的时间复杂性。假定 Partition 时主元位于位置 i 的概率为 $p(i)=\dfrac{1}{n}$，则划分比例为 $i:1:(n-i-1)$ 的概率为 $\dfrac{1}{n}$，Search 算法 3.7 的平均时间复杂性满足

$$A(n)=f(n)+\sum_{i=0}^{k-1}A(n-1-i)+\sum_{i=k+1}^{n-1}\frac{A(i)}{n} \tag{3.4}$$

其中 $f(n)$ 是 Partition 的复杂性，设 $f(n)\leqslant C_1 n$。现用归纳法证明 $A(n)$ 为线性，即存在常数 C，使得 $A(n)\leqslant Cn$。

(1) 让 $C>A(1)$，能保证 $n=1$ 时 $A(n)\leqslant Cn$ 成立。

(2) 假设 $A(i)\leqslant Ci$ 对所有的 $i<n$ 成立，根据 $f(n)\leqslant C_1 n$ 和式(3.4)有

$$A(n)\leqslant C_1 n+\frac{C}{n}\left(\sum_{i=0}^{k-1}(n-1-i)+\sum_{i=k+1}^{n-1}i\right)$$

$$\leqslant C_1 n + \frac{Cn3}{4} = Cn - \left(\frac{Cn}{4} - C_1 n\right) \tag{3.5}$$

所以只要再保证 $C>4C_1$，就能保证 $A(n)\leqslant Cn$，因而随机选主元时 Search 算法 3.7 的平均时间复杂性是线性的。

但在极端情形下，比如每次划分的主元后的第三组为空，而主元总是落在第一组，则 $T(n)=T(n-1)+f(n)$，从而算法 3.7 的最差时间复杂性为 $O(n^2)$。

3.4.2　最差时间为线性

在算法 3.7 中，重写 Partition，以控制主元的选择，使得划分的主元前和主元后两个集合的元素数目比例不至于太悬殊，则算法 3.7 的最差时间复杂性可以降为 $O(n)$。

控制主元选择的策略如下：

(1) 将数组 A 的数据元素按位置顺序依次按 5 个一组划分为 $\frac{n}{5}$ 组（最后可能剩一组不满 5 个元素，但是也算一组），将每组数据按大小选取其中位数，这些中位数形成一个新的数组 B，共有 $\frac{n}{5}$ 个元素。5 个元素中选取一个中位数的时间为常数 C_2，则获取 B 的时间为 $\frac{C_2 n}{5}$。

(2) 再选取数组 B 的中位数 m，作为本次 Partition 划分的主元。这一步需要递归调用搜索第 k 元的算法，如果搜索第 k 元的算法最差时间为 $W(n)$，则因为 B 有 $n/5$ 个元素，这一步的时间应为 $W(n/5)$。

上述策略可以用图 3.4 描述。

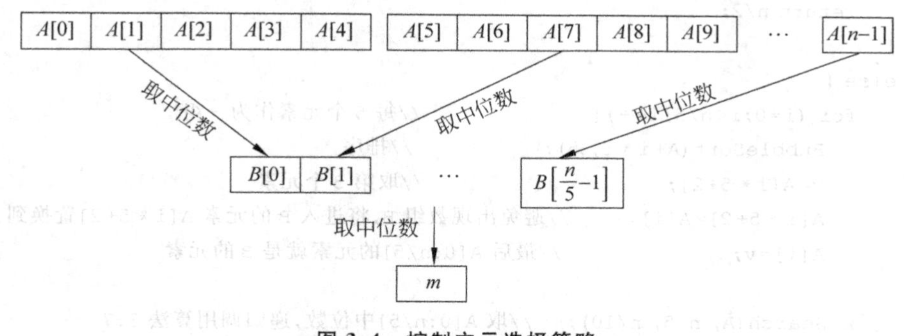

图 3.4　控制主元选择策略

由于 m 是 B 的中位数，而 B 的元素个数为 $\frac{n}{5}$，故在 B 中小于等于 m 的元素个数为 $\frac{n}{10}$。另外由于这 $\frac{n}{10}$ 个元素的每一个都是 A 的某个 5 元素数组的中位数，而一个 5 元数组中至少有 3 个元素小于等于它自己的中位数，因此在 A 中至少有 $\frac{3n}{10}$ 个元素小于等于 m。

同理可以得到在 A 中至少有 $\frac{3n}{10}$ 个元素大于等于 m。因此如果以 m 为主元，Partition

划分出的第一、三组元素的个数比例不会坏于 2.5∶7.5 =1∶3。

考虑最差的情况，每次都在划分后较长的部分（长度最长为 $3n/4$）继续搜索，则根据上述分析，采用控制选主元策略的算法 3.7 的最差时间符合递归函数：

$$W(n) \leqslant W\left(\frac{3n}{4}\right) + W\left(\frac{n}{5}\right) + \frac{C_2 n}{5} + C_1 n \tag{3.6}$$

式(3.6)的右端 $W\left(\frac{n}{5}\right) + \frac{C_2 n}{5}$ 是选主元的时间，$C_1 n$ 是选主元后完成划分的时间，$W(3n/4)$是划分后递归搜索较长部分的时间。现采用归纳法证明 $W(n) \leqslant Cn$。

(1) 让 $C > W(1)$，则 $n=1$ 时 $W(n) \leqslant Cn$ 满足。

(2) 假定 $i < n$ 的所有 i 都满足，$W(i) \leqslant Ci$ 则由式(3.6)有

$$W(n) \leqslant \frac{3Cn}{4} + \frac{Cn}{5} + \frac{Cn}{5} + C_1 n = Cn - \left(\frac{Cn}{20} - \frac{C_2 n}{5} - C_1 n\right)$$

可见只要选择足够大的常数 C，可以满足 $W(n) \leqslant Cn$。因此使用控制选主元的策略后，搜索第 k 元算法的最差时间复杂性为线性。

下面是控制主元选择的 Partition 算法：

算法 3.8

```
int Partition(int A[],int n){
//输入：数组 A,A 的元素个数 n
//输出：长短比例<1∶3 的划分,返回主元位置
   int low,high, x, p, i,v;
   if (n<25){       //当 n<25 时,作为递归起点,直接获得中间元素作为主元
      BubbleSort(A,n);   //参见算法 1.3
      return n/2;
   }
   else {
      for (i=0;i<n/5;i++){                //每 5 个元素作为一组
        BubbleSort(A+i * 5, 5);               //排序
        v=A[i * 5+2];                        //取第 3 个元素
        A[i * 5+2]=A[i];       //避免出现数组 B,将进入 B 的元素 A[i * 5+2]置换到 A[i]中
        A[i]=v;                 //最后 A[0:n/5]的元素就是 B 的元素
      }
      x=Search(A, n/5, n/10);   //取 A[0:n/5]中位数,递归调用算法 3.7
      p=A[x];
      A[x]=A[0];
      x=0;
      low=0;      //低指针
      high=n-1;  //高指针
      while (low<high){          //指针从两头相对扫描,直到相遇
         while (low<high && A[high]>p)   //从后向前寻找比主元 p 小的元素
             high --;
         if (low<high) {         //A[high]<=p
            A[x]=A[high];
```

```
                x=high;
            }
            while(low <high && A[low]<=p)    //从前向后寻找比主元 p 大的元素
              low ++;
            if(low<high) {          //A[low]>p
                A[x]=A[low];
                x=low;
            }
        }
        A[x]=p;
        return x;
    }
}
```

可以注意 Search 算法 3.7 要使用 Partition 算法 3.8，而 Partition 算法 3.8 要使用 Search 算法 3.7 选主元。因此，Partition 算法 3.8 中也出现了间接递归。

3.5 最近点对

问题：空间 n 个点中，寻找距离最近的点对。

3.5.1 一维空间中的最近点对

一维空间中最近点对问题，就是在 n 元数组 A 中，寻找两个元素 p 和 q，使得 $|p-q|$ 最小。不妨假设 A 是有序的(无序时，增加一个排序步骤即可)，一种很自然的思路是穷举计算相邻两个元素之间的距离，取这些距离的最小值，于是有以下算法：

算法 3.9

```
int NearestPair (int A[],int n ){
//输入：A保存各点的坐标,n是点的个数
//输出：最近点对距离
    int i,dmin;
    dmin=A[1]-A[0];
    for (i=1;i<n-1;i++)
        if (A[i+1]-A[i]<dmin)
            dmin =A[i+1]-A[i];
    return dmin;
}
```

算法 3.9 的时间复杂性是 $T(n)=O(n)$。

这里给出该问题的分治法思路。首先获得 A 的中位数 $x=A\left[\frac{n}{2}\right]$，将空间分为左右两个部分。空间点对 p、q 存在三种情况：(1) p、q 都在 x 左边；(2) p、q 都在 x 右边；(3) p 在左边，q 在右边。

可以用递归的办法求出情况(1)和(2)的最短距离 $d_l = q_l - p_l$ 和 $d_r = q_r - p_r$。而情况(3)的最短情况应是 $p_c = A\left[\frac{n}{2}-1\right]$, $q_c = A\left[\frac{n}{2}\right]$, $d_c = A\left[\frac{n}{2}\right] - A\left[\frac{n}{2}-1\right]$。因此问题的解应该是 $\min(d_l, d_r, d_c)$,如图 3.5 所示。

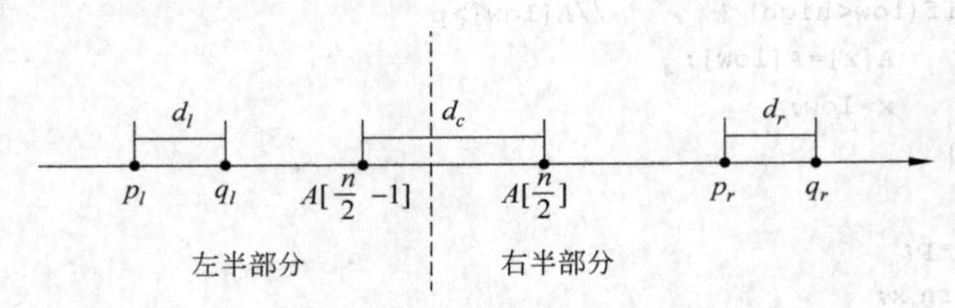

图 3.5 一维最近点对求解示意图

一维空间最近点对的分治法如下:

算法 3.10

```
#define INFINITE 0x7fffffff
int NearestPair(int A[], int n){
//输入: A 保存各点的坐标,n 是点的个数
//输出: 最近点对距离
    int dl,dr, min;
    if (n<=1) return INFINITE;
    else{
        dl=Nearest(A, n/2);
        dr=Nearest(A+n/2,n-n/2);
        min =dl<dr ? dl: dr;
        if (min>A[n/2]-A[n/2-1])  min =A[n/2]-A[n/2-1];
        return min;
    }
}
```

算法 3.10 的时间满足 $T(n)=2T\left(\frac{n}{2}\right)+\Theta(1)$,故 $T(n)=O(n)$。虽然算法 3.10 的时间复杂性相对于算法 3.9 并没有减少,但是给二维空间最近点对的分治法提供了思路。

3.5.2 二维空间中的最近点对

在二维空间中要获得距离最近的点对,一种很直观的想法是,解出每个点对的距离,再使用穷举的方法得到最接近的点对。因为 n 个点可以形成 $\frac{n}{2}(n-1)$ 个点对,需要计算 $\frac{n}{2}(n-1)$ 次距离,这样的算法的时间复杂性是 $T(n)=O(n^2)$。

分治法的思路是用一条竖线将 n 个点所在的平面划分为两半,使得每一边的点的数目大致相等,再分别对两边的点集进行递归处理。假设点的坐标记为 (x, y),这里规定所有的 x、y 都是正数。取 n 个点的 x 坐标的中位数 x_m,则直线 $x=x_m$ 就能将点平均分开，直线左右两边分别有 $n/2$ 个点。

如图 3.6 所示，容易知道所有的点对 p，q 有三种类型：(1) p 和 q 都在 $x=x_m$ 左边；(2) p 和 q 都在 $x=x_m$ 右边；(3) p 和 q 分布在 $x=x_m$ 两边。假设采用递归的方法，可将 $x=x_m$ 左右两个半侧的最接近点对 $\{p_l, q_l\}$，$\{p_r, q_r\}$ 分别解出，其距离为 d_l 和 d_r。令 $d=\min(d_l, d_r)$，根据前述分析，d 还不是整个问题的解，还需要考虑 p 和 q 分布在两边的第三种情形。对左边每一个点，右边可能有 $\frac{n}{2}$ 个点匹配，这样的点对还是有 $\frac{n^2}{4}$ 对，因此如果对第三种情形计算每个点对的距离，则导致整个处理时间还是 $O(n^2)$。

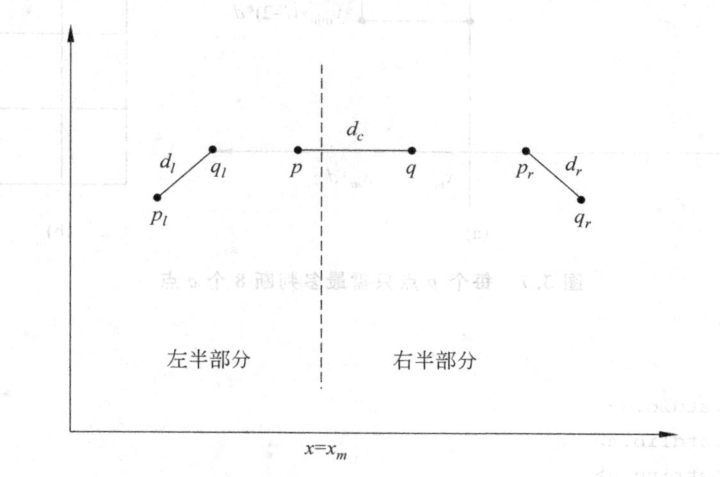

图 3.6　二维最近点对分治法示意图

对于第三种情形，可根据约束条件 $p\cdot x > x_m - d$ && $q\cdot x < x_m + d$ && $|q\cdot y - p\cdot y| < d$ && $q\cdot x - p\cdot x < d$ 对右半侧的每个 q 点进行筛选，可以使得一个 p 点最多只需要计算与 8 个 q 点的距离，从而将第三种情形的距离计算次数降为 $\Theta(n)$，整个算法的距离计算次数为 $T(n)=2T\left(\frac{n}{2}\right)+\Theta(n)$，结果是 $T(n)=O(n\log(n))$。

筛选方法如图 3.7 所示，首先找出 n 个点中最大和最小的 y 值 $y_{\max}$ 和 $y_{\min}$，然后将 y 空间分为 $(y_{\max}-y_{\min})/d$ 个子空间，这样每个点都具有一个子空间编号。如果一个 p 点的子空间编号是 i，则筛选 q 点时，q 点只可落入 $i-1$、i 和 $i+1$ 三个子空间。而且 $x_m < q\cdot x < x_m + d$，故只需考虑落入连续三个边长为 d 的正方形区间。可以证明落入这三个正方形的 q 点最多 8 个(图 3.7(a)给出了最多 8 个点的分布)：如果有更多的点，则把这两个正方形划分成 8 个 $(d/2)\times(3d/4)$ 的小矩形，如图 3.7(b)所示，必然有两个点落入同一个小矩形，而在一个小矩形中最大距离 $\sqrt{\frac{13}{16}}d$，这是不可能的，因为实际上根据 d 的定义，任意两个 q 点的距离都不小于 d。

在筛选之前，建立一个索引数组 index，index[i]记录落入第 $i-1$、i、$i+1$ 个正方形的所有 q 点，建立这个数组需要的时间是 $\Theta(n)$，而应用这个索引结构进行筛选的时间也是 $O(n)$，因此处理第三种情形的时间是 $\Theta(n)$。

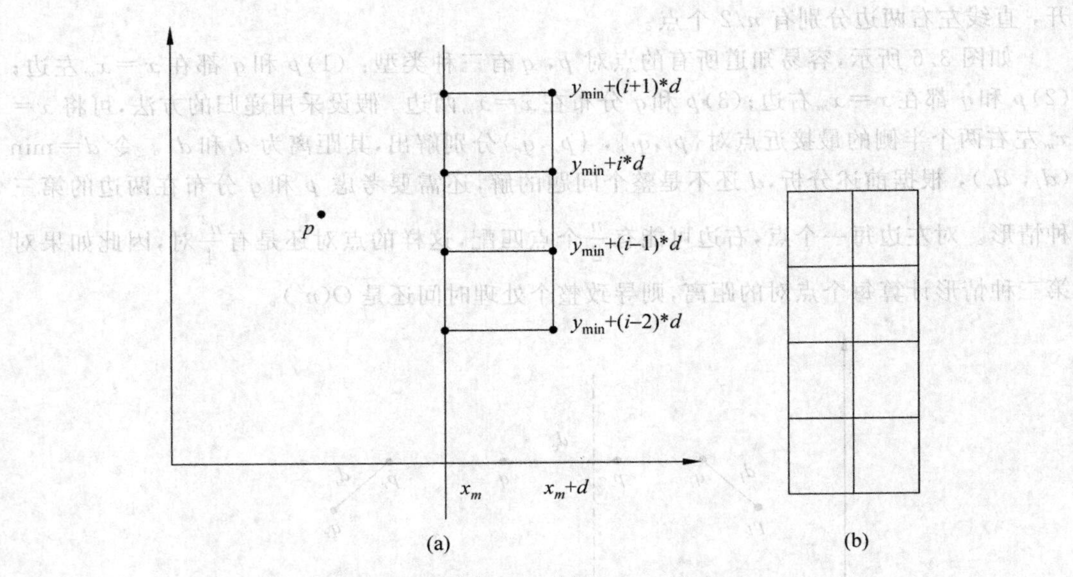

图 3.7 每个 p 点只需最多判断 8 个 q 点

算法 3.11

```
#include <stdio.h>
#include <stdlib.h>
#include <string.h>
#include <math.h>
#include<algorithm>
using namespace std;
#define min(x,y) x<y? x:y

#define MAX 100
#define INFINITE  0x7fffffff
typedef struct Point{
    double x;
    double y;
};
bool cmp (const Point a, const Point b)
{
    return a.x <b.x;
}

typedef struct IndexItem{
    int no[9];  //一个方格不超过 4 点,3 个方格不超过 8 点
    int cnt;
};
IndexItem  index[MAX];
```

```
double Distance(Point p1, Point p2){
    return sqrt((p1.x-p2.x)*(p1.x-p2.x)+(p1.y-p2.y)*(p1.y-p2.y));
}
int CreatIndex(Point p[],int n,double miny, double maxy, double d){
    int i,k,j,maxk,low,high;
    maxk=(maxy-miny)/d+1;    //最大索引项
    for(i=0;i<maxk;i++) index[i].cnt=0; //初始化点数为 0
    for(i=n/2;i<n;i++){    //i点进入索引
        k=(p[i].y-miny)/d;
        low =(k==0)? 0:k-1;
        high =(k==maxk-1)? maxk-1:k+1;
        if(p[i].x-p[n/2].x<d)
            for (j=low;j<=high;j++)  //i点进入 k-1,k,k+1三个索引项
            {  index[j].no[index[j].cnt]=i;
               index[j].cnt++;
            }
    }
    return 1;
}
double NearestPair(Point p[],int n){
   double dl,dr,d,dtmp,dmin;
   int i,j,k;
   double miny,maxy;
   if (n<=1)
      return INFINITE;
   else{

      dl=NearestPair(p,n/2);
      dr=NearestPair(p+n/2,n-n/2);
      d=min(dl,dr);

      miny=maxy=p[0].y;
      for(i=1;i<n;i++){
       if(miny>p[i].y) miny=p[i].y;
       else if(maxy<p[i].y) maxy=p[i].y;
   }
   CreatIndex(p,n,miny,maxy,d);

  dmin=INFINITE;
  for (i=0;i<n/2;i++)       //Distance计算最多 8*n/2次
      if(p[i].x>p[n/2].x-d){
          k=(p[i].y-miny)/d;  //k是i点的索引编号
          for (j=0;j<index[k].cnt;j++)    //最多 8个j点
```

```
                if (p[index[k].no[j]].x-p[i].x<d){
                    dtmp=Distance(p[i],p[index[k].no[j]]);
                    if (dmin>dtmp) dmin=dtmp;
                }
            }
        return min(d,dmin);
    }
}
Point p[MAX]={{1,4},{2.3},{2,2},{3,2},{4,1}};
int main()
{
  int i,j;
  for(i=0;i<4;i++)
    printf("%f",NearestPair(p+i,5-i));
    getchar();
}
```

3.6 本章习题

习题 3.1 对于两个数位为 n 的十进制大整数，设计一个分治算法，使得做乘法的时间复杂性为 $O(n^{\log 3})$。

习题 3.2 假设 T 是一个 n 元的有序的整数数组，设计一个分治算法寻找 $T[i]=i$，其最差时间复杂性为 $O(\log(n))$。

习题 3.3 假设 T 是一个 n 元的整数数组，一个优元指在数组中出现次数不小于 $n/2$ 的元素，设计一个分治算法寻找 T 中的优元，其最差时间复杂性为线性。

习题 3.4 一个电路交换器能对两个输入线路 A、B 与输出线路 A、B 交叉互联，即可根据开关控制连接 AA、BB 或者 AB、BA，如下图所示。现有 n 个输入线路，设计一个交换器的网络，能对 n 个输入完成任意排列的 n 个输出，要求使用的交换器的数目为 $O(n\log(n))$。

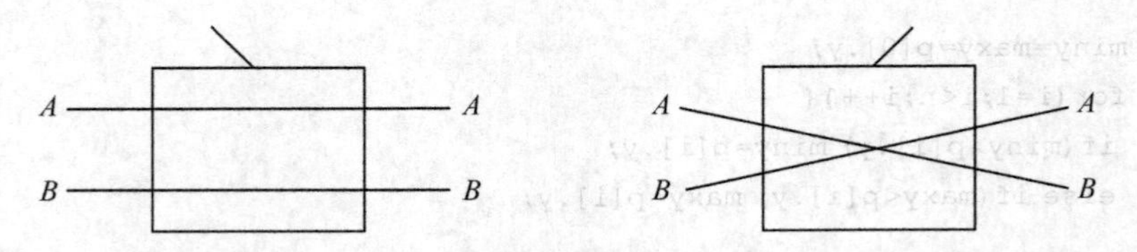

习题 3.5 在一个划分成网格的操场上随机站着 n 个士兵，现要求士兵通过移动排成水平队列，一次只能上下左右移动一格，而且任何时候一个网格内只能站一个士兵。设计算法确定士兵移动方案，使得所有士兵移动次数最少。

第4章

动态规划

20世纪50年代初美国数学家R. E. Bellman等人在研究多阶段决策过程的优化问题时，提出了著名的最优化原理，利用各阶段之间的递推关系，从小规模的优化结果开始，逐步求得最后的优化结果，创立了解决这类过程优化问题的动态规划方法(Dynamic Programming)。

在计算机算法领域，动态规划方法有以下几个特点：

(1) 所解决的问题是最优化问题，例如，在一个定义域D中，选择n个数据形成一个序列$X(n)=\{x_1,x_2,\cdots,x_n\}$，使得关于向量$X(n)$的估价函数$f(X(n))$达到最小(或最大)。$X(n)$的确定可以视作一个$n$阶段决策问题，在第$i$个阶段确定$x_i$。

(2) 可以建立一个递推(归)关系，使得n阶段决策问题的解，依赖于几个$k<n$阶段决策的低阶子问题的最优解。这个特征称为解的“最优子结构”特征。“如果序列$\{x_1,x_2,\cdots,x_n\}$是一个n阶问题的最优解，那么其子序列$\{x_1,x_2,\cdots,x_{n-1}\}$是另外一个$n-1$阶问题的最优解”，这是一种典型的最优子结构。满足最优子结构特征后，就可以根据低阶子问题的解，使用递推算法，得到高阶问题的解。

(3) 求解低阶子问题时存在重复计算，如果采用递归的方法，则无法避免重复计算。这个特性称为“重叠子结构”。具有重叠子结构的问题，计算过程中应采用递推的方法，保存子问题的解，以便后续递推计算时直接使用，而无须计算多次。

4.1　递归方法中的重复计算

动态规划的特点是分析出递推关系后，使用递推(循环迭代)的方式进行计算。如前所述，除了递推算法外，也可以使用递归函数进行递归求解。递归算法在表达上更为方便，但是在时间复杂性上，往往比递推算法要差很多。

以Fibonacci数列的求解为例，在第2章中，我们已经证明递推算法2.1的时间复杂性为$O(n)$，而递归算法2.16的时间复杂性为$T(n)=\Omega(1.4^n)$。这里，我们用图示的方法分析为什么递归函数会耗费更多的计算时间。可以用一棵树来表达Fibonacci数列的递归计算的依赖关系：

在图4.1表示的递归计算中，1号节点$f(n)$的计算需要依赖2号节点$f(n-1)$和3号节点$f(n-2)$的计算结果，而2号节点的计算又依赖于4号节点和5号节点。可以注意到，4号节点的计算和3号节点的结果是相同的，但在递归计算过程中，4号节点和3号节

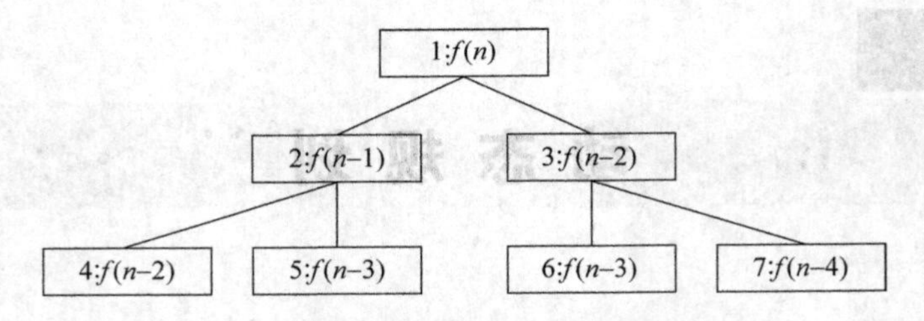

图 4.1 Fibonacci 数列计算的依赖关系

点需要重复计算一遍。5 号节点和 6 号节点的计算也是重复的。

以上的分析说明，使用递归函数求解时可能存在大量的重复计算。有一种称为**词典法**（**或称为备忘录**）的方法，它使用递归函数，但可以避免重复计算。具体措施是设计一个数据结构 D（可称为词典）来保存以前的计算结果，发现所需要的计算结果以前曾经计算过，则直接从数据结构中取得，从而避免重复计算。例如 Fibonacci 数列问题的词典法为：

算法 4.1

```
#define MAX 100
int D[MAX];
int Init(int n){ //初始化 D,-1 表示没有计算
   int i;
   D[0]=D[1]=1;
   for (i=2;i<=n;i++)D[i]=-1;
   return 1;
}
int fib(int n){
   if (D[n]==-1)      //如果词典中没计算,则先进行计算
       D[n]=fib(n-1)+fib(n-2);
   return D[n];
}
```

在算法 4.1 中，递归函数之外定义一个词典 D，当满足 $D[i]=-1$ 时，表示此单元还没有进行过递归计算，否则表示此单元已经存在一个以前计算过的值。递归函数 fib (i)首先查询词典的单元 i，如果查到了就直接返回值，否则就进行递归计算，并且把计算结果填入词典单元 i。由于每个词典单元只可能被计算 1 次，因此词典法 4.1 的时间复杂性为 $O(n)$。

动态规划算法或者递推算法，其实也同样使用了一个可以称为“词典”数据结构，但是并不用递归函数来填写词典，而是使用循环迭代过程逐步来填写。这种基于词典的递推计算，在第 2 章中已经讨论多例。实际上，有一些计算机算法文献中已经将普通递推算法都称为动态规划，但本章中只讨论在优化问题上的应用。

4.2 最长公共子序列

4.2.1 问题描述

给定两个序列 $A=\{a_1, a_2, \cdots, a_m\}$ 以及 $B=\{b_1, b_2, \cdots, b_n\}$，如果一个序列 $C=\{c_1, c_2, \cdots, c_k\}$是 A 中删除一些元素后剩余元素保持先后次序构成，则 C 是 A 的子序列。如果同时 C 又是 B 的子序列，则称 C 为 A 和 B 的公共子序列。试求出 A 和 B 的最长公共子序列。

例如，$A=\{1, 4, 5, 2, 3, 7, 6\}$，$B=\{1, 4, 7, 9, 5, 10\}$，则 $C=\{4, 5\}$是 A 和 B 的公共子序列，而三个元素的子序列$\{1, 4, 5\}$和$\{1, 4, 7\}$都是 A 和 B 的最长公共子序列，因为没有 4 个元素的公共子序列。

4.2.2 递推关系分析

一个 n 元素序列的子序列有 2^n 个，如果用穷举的方法检查所有的子序列，则时间复杂性太高。我们希望能找到一个递推关系，从较短公共子序列逐步得到较长的公共子序列。这个步骤就是寻找"最优子结构"。

令 $A(i)=\{a_1, a_2\cdots, a_i\}$，$B(j)=\{b_1, b_2, \cdots, b_i\}$，假设 $S(k)=\{s_1, s_2, \cdots, s_k\}$表示 $A(i)$ 和 $B(j)$的一个最长公共子序列，则有下列结论：

定理 4.1 如果满足 $a_i=b_j$，则 $S(k-1)=\{s_1, s_2, \cdots, s_{k-1}\}$ 构成 $A(i-1)$和 $B(j-1)$的一个最长公共子序列。

证明：在子序列 $S(k)$中，每个元素必然在序列 $A(i)$和 $B(j)$中按顺序找到对应项。s_{k-1}的对应项必然不是 a_i和 b_j，否则 s_k就没法对应，故 $S(k-1)$是 $A(i-1)$和 $B(j-1)$的公共子序列。

再假设任意 S'是$A(i-1)$和 $B(j-1)$的公共子序列，则 $S'+\{a_i\}$应是$A(i)$和 $B(j)$的公共子序列，由于 $S'+\{a_i\}$的长度不能超过 k，故 S'的长度必然不超过 $k-1$。所以 $S(k-1)$ 是 $A(i-1)$和 $B(j-1)$的最长公共子序列。

定理 4.2 如果 $a_i\neq b_j$，则 $S(k)$或者是 $A(i)$和 $B(j-1)$的最长公共子序列，或者是 $A(i-1)$和 $B(j)$的最长公共子序列。

证明：如果 s_k在 $A(i)$中的对应项不是 a_i，则 $S(k)$是 $A(i-1)$和 $B(j)$的公共子序列，由于 $A(i-1)$和 $B(j)$的公共子序列不可能大于 k，故 $S(k)$是 $A(i-1)$和 $B(j)$的最长公共子序列。

如果 s_k的对应项是 a_i，则 s_k必然不对应 b_j，根据同样的道理，$S(k)$就应是 $A(i)$和 $B(j-1)$ 的最长公共子序列。

上述的定理 4.1 和定理 4.2 说明问题具有最优子结构，构成了完整的递推关系。出于节省存储空间的考虑，我们先不直接求解最长公共子序列，而是先对最长公共子序列的长度进行递推求解。使用一个二维词典 D，$D[i][j]$记录 $A(i)$和 $B(j)$的最长公共子序列长度，则根据定理 4.1 和定理 4.2 容易得到 D 满足的递推关系：

(1) $D[i][j]=0$，如果 $i=0$ 或者 $j=0$；

(2) $D[i][j]=D[i-1][j-1]+1$，如果 $a_i=b_j$；

(3) $D[i][j]=\max(D[i][j-1],\ D[i-1][j])$，如果 $a_i \neq b_j$。

从递推关系(2)和(3)可以看出，在计算 $D[i][j]$时，需要用到数组上一行的元素，以及本行处于 $D[i][j]$左边的元素。因此算法设计时词典的填写应是先上后下，先左后右。最后右下角 $D[m][n]$就是最长公共子序列的长度，如图 4.2 所示。

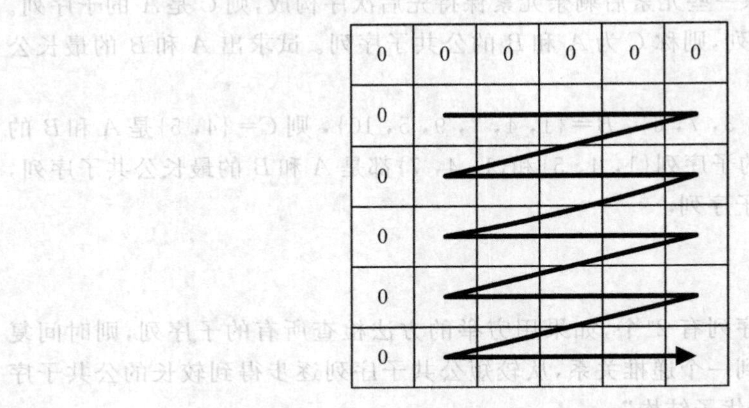

图 4.2 词典填写顺序

4.2.3 算法实现

算法 4.2

```
#define MAX 100
#define max(a,b) a>b? a:b
int D[MAX][MAX];
int FillD(int A[],int m, int B[],int n){
//输入：序列 A,B 及其长度 m,n,A[0],B[0]两个元素不使用
//输出：填写完 D 后,返回 1
   int i,j;
   for (i=1;i<=m;i++)
      for (j=1;j<=n;j++)
          if (A[i]==B[j])
             D[i][j]=D[i-1][j-1]+1;
          else
             D[i][j]=max(D[i][j-1], D[i-1][j]);
   return 1;
}
```

算法 4.2 的时间复杂性为 $O(mn)$。

可以通过 D 矩阵构造最长公共子序列。从 $D[m][n]$起，逐步往前找到 $D[i][j]$的计算来源，如果由 $D[i-1][j-1]+1$ 得到，则 $A[i]$应该纳入最长公共子序列。因此构造最长公共子序列的算法如下：

算法 4.3

```
int Seq(int A[],int m, int B[],int n, int C[]) {
//输入：A,B是序列,m,n分别是其长度,C准备保存公共子序列
//输出：填写C,并返回填写的公共子序列的长度,C[0]不使用
   int i,j,k;
   i=m; j=n;
   k=D[m][n];    //k为最长公共子序列长度
   while (i!=0 && j!=0)
      if(D[i][j]==D[i-1][j]) i--;
      else if(D[i][j]==D[i][j-1]) j--;
      else {
         C[k--]=A[i];
         i--;j--;
      };
   return D[m][n];
}
```

注意：在寻找 $D[i][j]$来源的路径中，如果 $D[i][j]$的值与 $D[i-1][j]$和 $D[i][j-1]$的元素都相等，则存在两个路径都可以到达 $D[i][j]$。实际上沿着这两条路径回溯，将得到问题的不同的最长公共子序列。

4.3 最大子段和

4.3.1 问题描述

给定长度为 n 的整数序列 $A=\{a_0,a_1,a_2,\cdots,a_{n-1}\}$，它的一个连续子段为$\{a_i,a_{i+1},\cdots,a_j\}$，现要求所有子段中，和值最大的子段。

例如$\{1,-1,2,-3,6,7,-9,8\}$的最大子段和，是$\{6,7\}$子段的和 13。

4.3.2 递推分析

对一个子段的首尾位置进行穷举，一个序列的子段可能有 $n(n+1)/2$ 种，可以用枚举的方法对每个子段求和，算法如下。

算法 4.4

```
int Sum(int A[],int i, int j){    //Sum=ai+ai+1+…+aj
    int k,s=0;
    for (k=i;k<=j;k++)
       s +=A[k];
    return s;
}
int MaxSum(int A[], int n){
//输入：数组A及其元素个数n
```

```
//输出：最大字段和
   int i,j,s,maxs;
   maxs=A[0];
   for(i=0;i<n;i++)
       for(j=0;j<n;j++){
           s=Sum(A,i,j);
           if (s>maxs) maxs=s;
       }
   return maxs;
}
```

算法 4.4 中 MaxSum 函数的时间是 $O(n^3)$，其中大量的求和 $s=\text{Sum}(A, i, j)$ 计算是无效率的，因为 $\text{Sum}(A, i, j)=\text{Sum}(A, i, j-1)+A[j]$，如果已有 $\text{Sum}(A, i, j-1)$ 的结果，则只需做一次加法可得到 $\text{Sum}(A, i, j)$，但 MaxSum 函数中每个 $\text{Sum}(A, i, j)$ 都做了 $j-i$ 次加法计算。

现设计一个一维字典 D，$D[i]$中记录了以 $A[i]$为终点的最大子段和，那么最大子段和问题的解就是

$$\text{max}s = \max(D[0], D[1], \cdots, D[n-1])$$

因此原问题分解成了 n 个求解 $D[i]$的子问题，这些子问题满足递推关系：

(1) $D[0]=A[0]$；

(2) 如果 $D[i-1]>0$，则 $D[i]= A[i]+ D[i-1]$，否则 $D[i]=A[i]$。

其中关系(2)表明，如果 $D[i-1]>0$，则其对应的最大和子段$\{A[k], A[k+1], \cdots, A[i-1]\}$与元素 $A[i]$一起构成了 $D[i]$对应的最大和子段。如果 $D[i-1]\leqslant 0$，则 $A[i]$单个元素独自成为 $D[i]$对应的最大和子段。

子问题的递推关系表明它们存在最优子结构和重叠子结构，适合动态规划方法求解。图 4.3 描述了 D 从左向右的填写过程，其中 13 是最大子段和，[6,7]是对应子段。

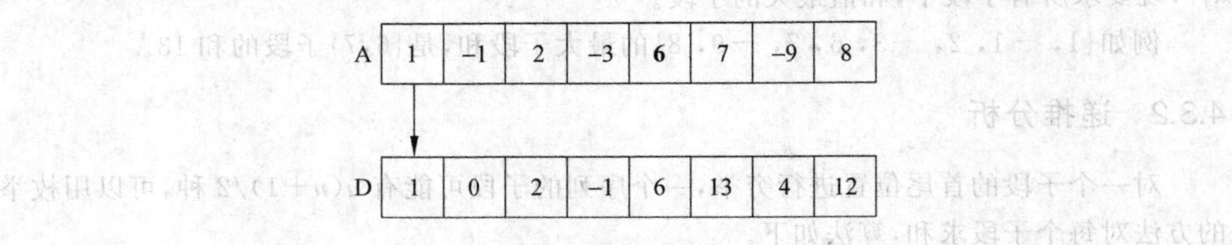

图 4.3　最大子段和

4.3.3　算法实现

算法 4.5

```
#define MAX 100
int D[MAX];
int FillD (int A, int n){
//输入：数组 A 及其元素个数 n
```

```
//输出：填写 D,返回 1
   int i;
   D[0]=A[0];
   for (i=1;i<n;i++)
        D[i]=D[i-1]>0 ? D[i-1]+A[i]: A[i];
   return 1;
}
```

这个算法的时间复杂性是 $O(n)$，最后的最大子段和为 $\max(D[0], D[1],\cdots,D[n-1])$。

可以根据 D 来构造最大和字段。从计算 $D[i]$的递推关系可以看出，如果 $D[i]$是最大子段和，则 $A[i]$是子段的最后一个元素，从 $A[i]$往前的第一个满足 $D[k]=A[k]$的元素是子段的首元素，算法如下。

算法 4.6

```
int Maxp(int A[], int n){
//输入：数组 A 及其元素个数 n
//输出：返回最大元素位置
   int i,p=0;
   for (i=1;i<n;i++)
        if (A[i]>A[p]) p=i;
   return p;
}
int MaxSum(int A[], int n, int * start, int * end){
//输入：数组 A 及其元素个数 n,最大子段的开始位置指针 start,结束位置指针 end
//输出：填写 start 和 end,并返回 1
    int i;
    * end=Maxp(D,n);
    i= * end;
    while(A[i]!=D[i])i--;
    * start=i;
    return 1;
}
```

4.4　矩阵连乘问题

4.4.1　问题描述

n 个矩阵 $A_1,A_2,\cdots,A_n$，如果其维度分别为 $d_0\times d_1$，$d_1\times d_2$，$\cdots$，$d_{n-1}\times d_n$，则可以进行连乘运算 $M=A_1\cdot A_2\cdot A_3\cdot\cdots\cdot A_n$。

根据矩阵乘法的定义，一个维度为 $a\times b$ 的矩阵和一个维度为 $b\times c$ 的矩阵进行相乘运算时，需要做 $a\cdot b\cdot c$ 次元素乘法运算。

多个矩阵的连乘满足结合律，不同的结合顺序所需时间并不一样。以三个矩阵 A_1、

A_2、A_3为例，可以有两种不同的结合顺序进行相乘，如以$(A_1A_2)A_3$的方式相乘，则总的元素乘法运算的次数为$d_0 \cdot d_1 \cdot d_2 + d_0 \cdot d_2 \cdot d_3$，而如果采用$A_1(A_2A_3)$的方式，则元素乘法运算的次数为$d_0 \cdot d_1 \cdot d_3 + d_1 \cdot d_2 \cdot d_3$。这两种情况下的计算次数是不一样的，例如，如果$d_3 > d_2$并且$d_1 > d_0$，则后者所需的乘法次数会更多。

n个矩阵连乘有更多的结合方式，每种方式会带来不同的元素乘法次数。现要确定一种最佳的结合方式，使得元素乘法总次数最少，从而提高计算效率。

4.4.2 递推分析

假设一个连乘的最后一次乘法在$L_k = A_1 \cdot A_2 \cdot \cdots \cdot A_k$和$R_k = A_{k+1} \cdots A_n$之间进行，如果这个连乘总体上$M = L_kR_k$是最佳的，那么$L_k$和$R_k$的计算也必须是最佳的。当$k$穷举取值$1, \cdots, n-1$时，最佳的连乘必然出现在某个$k$上。

更一般地，我们用二维词典$D[i][j]$表示$A_i \cdot A_{i+1} \cdot \cdots \cdot A_j$的最少乘法次数，则$D$上满足递推关系：

(1) $D[i][i] = 0,\ i = 1, 2, \cdots, n$；

(2) $D[i][j] = \min\limits_{i \leqslant k < j}(D[i][k] + D[k+1][j] + d_{i-1}d_kd_j), 1 \leqslant i \leqslant j \leqslant n$。

在关系(2)中，在A_k处将$A_i \cdot A_{i+1} \cdot \cdots \cdot A_j$分成$L = A_i \cdots A_k$和$R = A_{k+1} \cdots A_j$两部分，$D[i][k]$是$L$部分的最佳元素乘法次数，$D[k+1][j]$是$R$部分的最佳元素次数，而此时总计算次数还包括最后一次$L \times R$的元素乘法次数$d_{i-1}d_kd_j$。$D[i][j]$必然出现在某个带来最少总计算次数的k上。

从关系(2)还可以看出，计算词典元素$D[i][j]$时需要用到同行中处于$D[i][j]$左边的元素，同时还要用到下边的元素，因此算法设计时，应按逐个对角线的顺序填写词典，如图4.4所示。最后右上角$D[1][n]$就是最小计算次数。

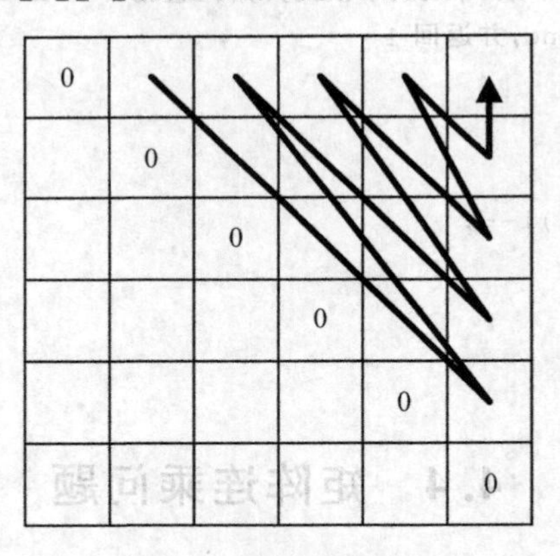

图 4.4 词典填写顺序

4.4.3 算法实现

算法 4.7

```
#define MAX 100
#define INFINITE 0x7fffffff
```

```
int D[MAX][MAX];  //递推词典
int R[MAX][MAX];  //乘法结合位置
int FillD(int dim[],int n){
//输入: dim是记录矩阵维度 d0,d1,…,dn
//输出: D,R填写完毕,返回 1
    int i,j,k,dis,dtmp;
    for (i=1;i<=n;i++) D[i][i]=0;  //初始化
    for (dis=1;dis<n;dis++)          //dis是(i,j)所属对角线的编号,主对角线为 0
        for (i=1,j=1+dis; j<=n; i++,j++) {
            D[i][j]=INFINITE;
            for (k=i;k<j;k++){
                dtmp=D[i][k]+D[k+1][j]+dim[i-1]*dim[k]*dim[j];
                if (dtmp<D[i][j]){
                    D[i][j]=dtmp;
                    R[i][j]=k;
                }
            }
        }
    return 1;
}
```

$R[i][j]$是用来记住 $A_i \cdot A_{i+1} \cdot \cdots \cdot A_j$ 的计算次数为 $D[i][j]$时最后一次乘法的位置,根据 R 可以构造矩阵连乘问题的最佳计算顺序。

算法 4.8

```
int MulOrder(int i, int j) {
//输入: i,j连乘 Ai·Ai+1…·Aj的首尾编号
//输出: 输出所有的乘法计算位置,返回 1
    printf("%d %d %d", i, j, R[i][j]);
    if (i<R[i][j]) MulOrder(i,R[i][j]);//输出左边的最佳结合
    if (R[i][j]+1<j) MulOrder(R[i][j]+1,j);//输出右边的最佳结合
    return 1;
}
```

4.5 数据压缩问题

4.5.1 问题描述

n 个数据的序列 $A=\{a_1, a_2, \cdots, a_n\}$ 在磁盘中保存,数据元素的值域为 0～255, 如果每个数据元素都固定用 8 个二进制位表示,则需要 $8n$ 个二进制位。但实际上有些数据如 3 的二进制表示为 00000011,左边 6 个 0 只用于填充,如果 3 只用 11 表示,则可以省去 6 个二进制位。

数据的变长表示方法将序列按顺序划分为 m 个子序列，规定每个子序列 i 的元素个数 $p_i \leqslant 256$，如果其中最大元素需要 b_i 个二进制位，则该子序列的所有元素都用 b_i 个二进制位表示。因此数据序列 A 实际使用的二进制位数为

$$\sum_{i=1,2,\cdots,m} p_i b_i$$

为了能恢复原数据序列，除 A 本身包含的数据外，每个 p_i 和 b_i 作为结构信息也都需要记录下来。由于 $b_i \leqslant 8$，$p_i \leqslant 256$，故 b_i 需要 3 个二进制位，p_i 需要 8 个二进制位。因此结构信息共需要 $11m$ 个二进制位。

最后压缩后的数据共需要二进制数位为：

$$\text{size}(n) = \sum_{i=1,2,\cdots,m} p_i b_i + 11m$$

如图 4.5 所示，7 个数据(7,7,7,7,7,7,255)采用变长表示法，它们被分为 2 个二进制子序列，1 个 p 结构和 1 个 b 结构，使用的二进制总位数为 48，而如果采用每个元素 8 位的固定位数表示方法，则 7 个数据需要 56 位。注意由于 p_i 和 b_i 不包含 0，图中结构信息中存放的实际上是 p_i-1 和 b_i-1。

111, 111, 111, 111, 111, 111	11111111	00000101, 00000000	010, 111
第1子序列	第2子序列	p_1, p_2	b_1, b_2

图 4.5　数据(7,7,7,7,7,7,255)的变长数据表示

现有一个优化问题，如何根据 n 个原始数据，确定一种划分 $p_1, p_2, \cdots, p_m$，使得 size(n) 达到最小。

4.5.2　递推分析

我们观察 A 的一个最优划分 $p_1, p_2, \cdots, p_m$，假定 p_{m-1} 的最后元素是 a_k，则 $p_1, p_2, \cdots, p_{m-1}$ 必然是 $\{a_1, a_2, \cdots, a_k\}$ 的最优划分（否则可以构造一个更好的划分，它与 p_m 一起形成 A 的更好的划分）。

上述观察说明，先确定一个位置 k，将 $\{a_{k+1}, a_{k+2}, \cdots, a_n\}$ 作为最后一个子序列，然后对前面的 $\{a_1, a_2, \cdots, a_k\}$ 进行最优划分，可得到 A 的一个划分。因为最后一个子序列的元素不会超过 256，故对 k 穷举可得到 256 种的划分情形，A 的最优划分必在其中。

因此我们设计一维词典 D，$D[i]$ 记录 $\{a_1, a_2, \cdots, a_i\}$ 的最优划分的总位数 size(i)，使用函数 dlen(i, j) 来计算一个子序列 $\{a_i, a_{i+1}, \cdots, a_j\}$ 的压缩长度，则 $D[i]$ 满足：

(1) $D[0]=0$；

(2) 如果 $i \leqslant 256$，有

$$D[i] = \min_{0 \leqslant k \leqslant i-1} (D[k] + \text{dlen}(k+1, i))$$

(3) 如果 $i > 256$，有

$$D[i] = \min_{i-256 \leqslant k \leqslant i-1} (D[k] + \text{dlen}(k+1, i))$$

4.5.3 算法实现

算法 4.9

```
#define MAX 100
#define INFINITE 0x7fffffff
int D[MAX];  //词典
int R[MAX];  //R[i]是记录对应 D[i]的最优划分的最后一个子序列的首元素下标
int nbits(int x){
//输入：一个 256 以内整数
//输出：需要的有效二进制位
   if (x<2) return 1;
   else if (x<4) return 2;
   else if (x<8) return 3;
   else if (x<16) return 4;
   else if (x<32) return 5;
   else if (x<64) return 6;
   else if (x<128) return 7;
   else return 8;
}
int dlen( int A[], int i, int j){
//输入：A 是待压缩数组,i 是起始位置,j 是中止位置
//输出：返回 A[i:j]作为一个序列所需要的二进制位数,包括数据以及结构信息
   int k,p,b,amax;
   amax=A[i];
   for(k=i+1;k<=j;k++)  //求最大元素
      if (amax<A[k]) amax=A[k];
   p=j-i+1;  //元素个数
   b=nbits(amax); //amax 的二进制位数
   return p*b+11;
}
int FillD(int A[], int n){
//输入：需压缩的数组 A, 元素个数 n,A[0]不用
//输出：填写好 D 和 R, 返回 1
     int i,k, dtmp, start;
     D[0]=0;
     for (i=1;i<=n;i++){
         D[i]=INFINITE;
         start=i<=256? 0:i-256;
         for (k=start;k<i;k++){
             dtmp=D[k]+dlen(A,k+1,i);
             if (dtmp<D[i]) {
                 D[i]=dtmp;
                 R[i]=k;
```

```
            }
        }
    }
    return 1;
}
```

4.6 0-1 背包问题

4.6.1 问题描述

给定 n 个物体和一个背包，物体的重量分别是 $w_1, w_2, \cdots, w_n$，物体的价值分别是 $v_1, v_2, \cdots, v_n$，背包最多容纳重量 C，这些量全部是正整数，需确定装入哪些物体，使得总价值最大。

每个物体有装入和不装入两种选择，定义 n 维向量 $x=(x_1, x_2, \cdots, x_n)$，其中 $x_k=1$ 表示物体 k 装入，$x_k=0$ 表示不装入，因此一个 0-1 向量代表了一种装载方案。故本问题要求给出一种最优的装载方案 x，满足总重量 $\sum_{k=1}^{n} w_k x_k \leqslant C$，使得总价值 $\sum_{k=1}^{n} v_k x_k$ 达到最小。

4.6.2 递推分析

考虑前 i 个物体 $1, 2, \cdots, i$，以及背包的容量 j，记一个子问题为 $P(i, j)$：给出一种最优的装载方案 $(x_1, x_2, \cdots, x_j)$，满足 $\sum_{k=1}^{i} w_k x_k \leqslant j$，使得 $\sum_{k=1}^{i} v_k x_k$ 达到最大。

假设 $x_1, x_2, \cdots, x_i$ 是 $P(i,j)$ 的一个最优解，如果 $x_i=0$，则 $(x_1, \cdots, x_{i-1})$ 是问题 $P(i-1, j)$ 的最优解。如果 $x_i=1$，则 $(x_1, \cdots, x_{i-1})$ 是问题 $P(i-1, j-w_i)$ 的最优解。

因此，我们可以设计二维词典 D，$D[i][j]$ 保存 $P(i, j)$ 的最优价值，满足以下递推关系：

(1) $D[0][j]=0$, $j=0,1,2,\cdots,C$；

(2) 如果 $j<w_i$，$D[i][j]=D[i-1][j]$，否则 $D[i][j]=\max(D[i-1][j], D[i-1][j-w_i])+v_i)$；

$D[i][j]$ 的计算需要使用上一行的两个元素，因此计算顺序与图 4.2 类似，最后右下角的 $D[n][C]$ 就是最优价值。

4.6.3 算法描述

算法 4.10

```
#define MAX 1000
#define MAXN 20
#define max(a,b) a>b? a:b
int D[MAXN][MAX];
```

```
int FillD(int n,int C, int w[], int v[]){
//输入: w是重量数组,v是价值数组,C是背包容量,n是物体个数,w[0],v[0]不用
//输出: D填写完成,返回1
    int i,j;
    for (i=1;i<=n;i++)
        for (j=1;j<=C;j++)
            if (j<w[i])D[i][j]=D[i-1][j];
            else D[i][j]=max(D[i-1][j], D[i-1][j-w[i]]+v[i]);
    return 1;
}
```

算法 4.10 的时间复杂性 $T(n)=O(nC)$，由于问题中 C 为变量,故不能认为算法的时间是线性的。

最优装载方案,可以从 D 中得到,从右下角的 $D[n][C]$ 开始往前回溯,根据递推关系(2),如果 $D[i][j]==D[i-1][j]$，说明 $x_i=0$，否则 $x_i=1$。

算法 4.11

```
int OptLoad(int n,int C, int w[], int v[],int X[]){
//输入: x存放方案的数组,w是重量数组,v是价值数组,C是背包容量,n是物体个数
//输出: 完成x的计算,返回最优价值
   int i,j;
   i=n; j=C;
   while(i>0)
     if(D[i][j]==D[i-1][j]){
       X[i]=0;
       i--;
     }
     else {
       X[i]=1;
       j -=w[i];
       i--;
     }
   return D[n][c];
}
```

4.7 消费和储蓄问题

4.7.1 问题描述

某人 p 考虑未来 n 个月$(1, 2,\cdots, n)$的每月消费和储蓄问题，有以下一些信息帮助 p 决策：

(1) 如果第 i 个月的消费额度为 c_i，则可以带来 $\ln(c_i)$数量的消费价值。但是 p 是个没耐心的人,他认为未来的价值应根据时间按一折扣因子 $b(0<b<1)$进行折扣,因此

第 i 个月的消费价值应算是 $b^{i-1}\ln(c_i)$。

(2) 如果在第 i 个月初拥有资本 k_{i-1}，没有消费的情况下，到第 i 月底或者第 $i+1$ 月初资本会变为 $k_i = A \cdot k_{i-1}^a$，A 为一正常数，$0<a<1$。如果有消费，则 $k_i = A \cdot k_{i-1}^a - c_i$，规定第 i 个月的消费 c_i 不能让月底的资本 k_i 为负数。

现要求确定每个月的消费数量，使得这 n 个月的消费获得的价值最大。即

$$\max \sum_{i=1}^{n} b^{i-1}\ln(c_i)$$

约束条件为

$$k_i = A \cdot k_{i-1}^a - c_i \geqslant 0, \quad i = 1,2,\cdots,n$$

4.7.2 递推分析

假设第 i 个月初的资本 k_{i-1}，通过最优选择序列 $(c_i, c_{i+1}, \cdots, c_n)$ 能获得最优价值 $V(k_{i-1}) = \sum_{m=i}^{n} b^{m-1}\ln(c_m)$，容易理解 $(c_{i+1}, \cdots, c_n)$ 应是第 $i+1$ 月初资本为 k_i 的最优选择序列，因此有

$$V(k_{i-1}) = \max(b^{i-1}\ln(c_i) + V(k_i)) \tag{4.1}$$

这是一个逆递推，如果我们定义了 $V(k_n)$，则可以逐步递推出所有的 $V(k_i)$，因为第 n 个月底多余的资本对该人不能产生价值，规定 $V(k_n)=0$。

为递推计算方便，令 $D[i][k_i]=V(k_i)/b^i$，则根据式(4.1)有

$$D[i-1][k_{i-1}] = \max(\ln(c_i) + bD[i][k_i])$$

而且满足 $D[n][k]=0, k=0,1,\cdots,\text{MAXK}$，MAXK 为一预定的最大资本常数。

最后得到的 $D[0][k_0]$，就是第 1 月初拥有 k_0 资本时的最大价值。

4.7.3 算法实现

算法 4.12

```
#include <math.h>
#define MAXK 1000
#define MAX 100
int D[MAX][MAXK];
int C[MAX][MAXK];   //C[i][j]记录第 i 年拥有 j 的消费数
int FillD(int n, double A, double a, double b){
//输入：n 是年数，A,a,b 是参数
//输出：填写 D,C,返回 1
   int i,j,k,T,c,x;
   for (k=0;k<MAXK;k++) D[n][k]=0;
   for (i=n-1;i>=0;i--)
     for (k=MAXK-1;k>=0;k--) {
          T=(int)(A*pow(k,a)); //T是最大的 i+1 年剩余资本
          D[i][k]=0;
          for (c=1;c<=T;c++){   //c是第 i 年消费
```

```
            if(T-c>MAXK) continue;   //T-c是第 i+1 剩余资本,此处避免溢出
            x=(int)(log((double)c)+b*D[i+1][T-c]);
              if (x>D[i][k]) {
               D[i][k]=x;
               C[i][k]=c;
              }
        }
    }
  return 1;
}
```

4.8　最优二叉搜索树问题

4.8.1　问题描述

二叉搜索树的定义为左子树的所有节点值小于根节点值，其右子树的所有节点值大于根节点值，并且左子树和右子树都是二叉搜索树。

假设一个二叉搜索树的各节点数值为有序序列$\{x_1,x_2,\cdots,x_n\}$。应用二叉搜索树时，为了搜索的方便，如图4.6所示，给每个只有一个孩子的节点，补充一个孩子节点，为每个叶子节点补充两个孩子节点，从而原来的树节点全部成为度为2的内节点，补充的节点成为叶子节点。

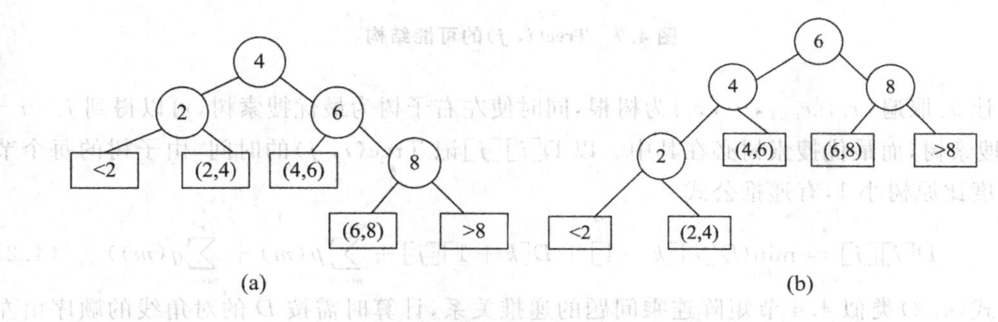

图4.6　二叉搜索树内节点及其叶子节点

新补充的叶子节点共有$n+1$个，可以代表$y_1=(-\infty,x_1)$，$y_2=(x_1,x_2)$，…，$y_{n+1}=(x_n,\infty)$这$n+1$个值域。可以注意到，数值序列$\{x_1,x_2,\cdots,x_n\}$构成的二叉搜索树不止一种，以不同的x_i作为根节点，可以构成不同的二叉搜索树，如图4.6(a)和(b)所示。

如果在二叉树上搜索数据a，可以用下面的算法：

```
BTreeSearch(T,a){
  if (T是叶子节点)
     return 该叶子节点 T
  else if (T.value==a)
     return 一个内节点 T
```

```
    else if (T.value<a)
        return BTreeSearch(T的左孩子,a)
    else
        return BTreeSearch(T的右孩子,a)
}
```

搜索算法最后要么中止于一个内节点,搜索成功,要么中止于一个叶子节点,搜索失败,搜索花费的时间是该节点的树高度。

如果被搜索值 t 在 n 个节点$\{x_1,x_2,\cdots,x_n\}$值上的概率为$\{p_1, p_2,\cdots, p_n\}$,在 $n+1$ 个外节点$\{y_1,y_2,\cdots,y_{n+1}\}$的概率记为$\{q_1, q_2,\cdots, q_{n+1}\}$,则可以计算出搜索树的平均搜索时间。

现需要设计一棵二叉搜索树结构,使得搜索树的平均搜索时间最小。

4.8.2 递推分析

一个最优的二叉搜索树,其左右孩子同样应该是最优二叉搜索树。以 Tree(i, j)记$\{y_i, x_i,y_{i+1}, x_{i+1},\cdots,x_j,y_{j+1}\}$构成的最优二叉搜索树,如果 Tree$(i, j)$以节点 x_k 为树根,则 Tree(i, j)必然是图 4.7 所示结构。

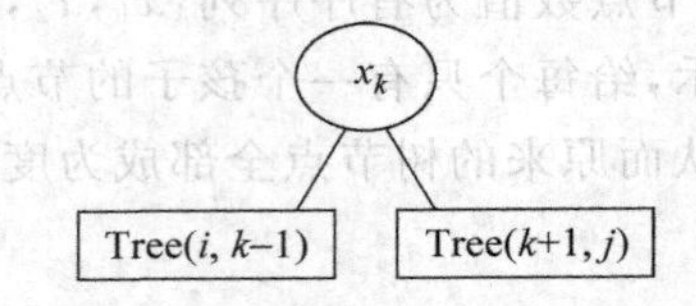

图 4.7 Tree(i, j)的可能结构

让 x_k 取遍$\{x_i, x_{i+1},\cdots,x_j\}$为树根,同时使左右子树为最优搜索树,可以得到 $j-i+1$ 个搜索树,而最优搜索树必在其中。以 $D[i][j]$记 Tree(i, j)的时间,由子树的每个节点高度比原树小 1,有递推公式

$$D[i][j]=\min_{i\leqslant k\leqslant j}(D[i][k-1]+D[k+1][j]+\sum_{m=i}^{j}p(m)+\sum_{m=i}^{j+1}q(m)) \tag{4.2}$$

式(4.2)类似 4.4 节矩阵连乘问题的递推关系,计算时需按 D 的对角线的顺序由左到右,参见图 4.4。观察到当取 x_i 为树根时,左子树只能是 y_i一个叶子节点,因此式(4.2)中左子树满足

$$D[i][i-1]=q_i \tag{4.3}$$

式(4.3)构成了递推起点。

4.8.3 算法实现

算法 4.13

```
#define INFINITE 0x7fffffff
#define MAX 100
double D[MAX][MAX];    //词典
```

```
int R[MAX][MAX];  //R[i][j]是最优的(xᵢ,…,xⱼ)的树根
double Psum[MAX][MAX];  //式(4.2)的求 pᵢ+…+pⱼ 和
double Qsum[MAX][MAX];  //式(4.2)的求 qᵢ+…+qⱼ₊₁ 和
int FillD(double p[], double q[], int n){
//输入:p是内节点概率,q是叶子节点概率,n是内节点个数
//输出:完成D的填写,返回1
  int i,j,k,dis;
  double x;
  for(i=1;i<=n+1;i++) {
      D[i][i-1]=q[i];
      Psum[i][i]=p[i];  //其中p[n+1]属于多余的,但并不影响计算
      Qsum[i][i]=q[i];
  }
  for(i=1;i<=n;i++){
    for(j=i+1;j<=n;j++){
      Psum[i][j]=Psum[i][j-1]+p[j];
      Qsum[i][j]=Qsum[i][j-1]+q[j];
    }
    Qsum[i][n+1]=Qsum[i][n]+q[n+1];
  }

  for(dis=1;dis<=n;dis++)  //dis是对角线编号
    for(i=1,j=dis;j<=n;i++,j++){
      D[i][j]=INFINITE;
      for(k=i;k<=j;k++){
        x=D[i][k-1]+D[k+1][j]+Psum[i][j]+Qsum[i][j+1];
        if (D[i][j]>x) {
          D[i][j]=x;
          R[i][j]=k;
        }
      }
    }
  return 1;
}
```

4.9 本章习题

习题 4.1 两个字符串 u 和 v，可以使用三种操作：删除、增加、修改一个字符，将 u 变成 v，如 $abbac$ 可通过三次操作变为 $abcbc$： $abbac \to abac \to ababc \to abcbc$。这并不是变换次数最少的。试写一个算法输出最少的操作次数及操作步骤。

习题 4.2 一条河上有 n 个游船出租点，只能从上游往下游漂行。租船时根据起点 i 和终点 j 计算费用 $c(i,j)$，可能会出现费用 $c(i,j)$ 比分段之和小的情况，例如客人可以从

i 点租船，然后在 k 点换租一只，继续漂到 j，而费用 $c(i,k)+c(k,j)<c(i,j)$。当然也存在中途换很多次达到总费用最小的目标。出租点公布了所有的 $c(i,j)$，试设计一个算法，计算每个从 i 点漂流到 j 的最小费用值。

习题 4.3 某厂在年末估计，下半年市场对该厂某产品的每季度需求量均为 d 件，该厂每季度生产此产品的能力为 b 件，每季度生产这种产品的固定成本为 F(不生产时为0)，每件产品的单位成本为 C。本季度产品如不能售出，则需发生每件库存费用 g，仓库能储存产品的最大数量 E 件。设计算法安排四个季度的生产，以保证在满足市场需求的前提下，使生产和库存总费用最小。

习题 4.4 某机器工作系统由 n 个部件组成，这些部件正常工作关系为串联，第 k 个部件的故障概率为 p_k，每个部件都可安装备用件以提高可靠性，备用件在主部件故障时可自动投入工作。若已知备用件总费用限制为 C，C_k 为第 k 个部件装配一个备用件的费用。设计算法，计算选用每个部件的备用件个数，使得正常工作的可靠性最大。

习题 4.5 某厂有 n 台同一规格完好的机器，每台机床全年在高负荷下工作可创利 a 万元，但机器的报废率高，每年将有 $p\%$ 的机器报废；在低负荷下工作可创利 b 万元($b<a$)，每年将有 $q\%(q<p)$ 的机器报废。试拟定连续 m 年的分配计划，使得总利润最大。

第5章

贪心算法

贪心算法适合一类最优化问题：有一个待选元素集合 B，需要选择一些元素进入集合 A，直到满足结束条件，最后定义在集合 A 上的函数 $f(A)$ 达到最优。因此这是一个子集选择的问题。如果 B 中有 n 个元素，则子集有 2^n 个；如果使用穷举法寻优，则需要指数级别的时间复杂性。

贪心方法在上述最优决策问题中，将子集选择处理为一个多次选择的过程，初始时令 $A_0=\Phi$，$B_0=B$，随后每次选择依据一个局部最优的原则，从 B_{i-1} 中选出一个元素 a_i 进入 A_{i-1}，得到 $B_i=B_{i-1}-a_i$ 和 $A_i=A_{i-1}+a_i$，这种选择行为称为"贪心选择"，该局部最优原则称为"**贪心原则**"，如图 5.1 所示。

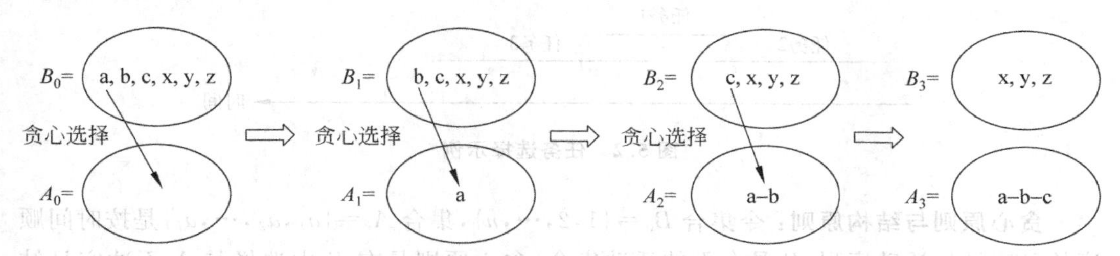

图 5.1　通过 3 次贪心选择得到 A_3，满足 $f(A_3)$ 最优

如果在 n 次贪心选择后得出一个结果 A_n，而每次贪心选择时间是常数，则贪心算法的时间就是 $O(n)$。贪心算法的速度虽然很快，但是需要证明通过"贪心选择"最后获得的 A_n 确实是问题的最优解。证明一个贪心选择不合理，举出一个反例就可以。而证明其合理性，可用归纳法：

第一步，归纳的起点。集合 A 从空集开始，即 $A_0=\Phi$。空集总是一个最优解集合的子集，因此这一步可省略。

第二步，假设第 $i-1$ 步得到的集合 A_{i-1}，是某最优解集 O_{i-1} 的子集。

第三步，证明根据贪心选择特性，从 B_{i-1} 中得到的第 i 个元素 a_i 加入 A_{i-1} 后，新得到的 A_i 还是某个最优解集 O_i 的一部分。

最后，很多时候 f 还依赖于 A 中的元素结构，例如 A 是一个线性表，则贪心算法中不仅需要解决选择元素 a_i 的问题，同时还需要解决选出的元素 a_i 在 A 中的位置问题。本书中称为"**结构原则**"。

5.1 活动安排问题

5.1.1 问题描述

n 个活动$\{1,2,\cdots,n\}$，申请独占一个资源，每个活动 i 申请的时间期限分别是 $t_i=[s_i, e_i]$，其中 s_i是开始时间，e_i是结束时间，需要从中选出最多的 m 个没有时间冲突的活动进行安排。

5.1.2 问题分析

尝试用贪心方法，首先需要确定贪心原则。可以先排除一些贪心原则，例如在有限的总时间中，直觉上时长最短优先可能导致能选出更多的活动，但该原则在本问题中却是不对的。一个反例如图 5.2 所示，一个活动用线段表示，左右端点坐标分别是起始时间和终止时间，如果应用时长最短优先原则，则应该首先选择活动 1，而活动 2 和 3 就不能再选择了，因为时间上与 1 发生了冲突。但是，图中显然选择活动 2 和 3 得到了更多的活动数量。

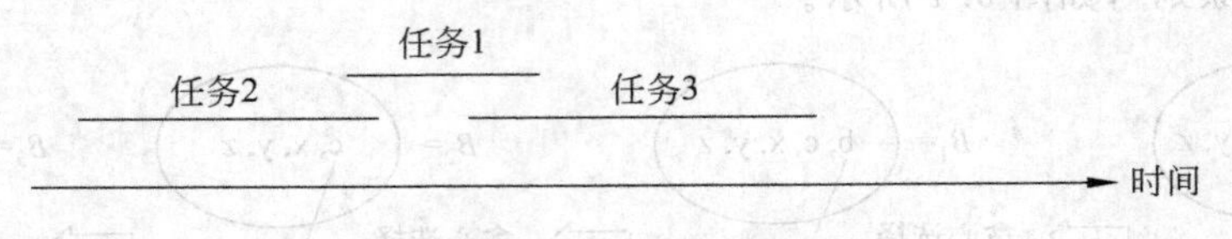

图 5.2 任务选择示例

贪心原则与结构原则：令集合 $B_0=\{1,2,\cdots,n\}$，集合 $A_i=\{a_1,a_2,\cdots,a_i\}$是按时间顺序的已安排的活动序列，$B_i$是余下的活动集合，贪心原则是在 B_i中选择与 A_i不冲突且结束时间最早的活动 a_{i+1}加入 A_i。结构原则是 a_{i+1}安排在 a_i后面服务。

最优性证明：假设 A_i是一个最优解集合 O_i的前 i 个元素，再假设 B_i中所有与 A_i没有时间冲突的活动中，a_{i+1}是结束时间最小的，现需证明结论：序列 $A_{i+1}=\{a_1,a_2,\cdots,a_i,a_{i+1}\}$是某一个最优解集中 O_{i+1}的前 $i+1$ 个元素。令 O_i中排在 a_i后的活动是 x，首先如果 $x=a_{i+1}$则前述结论直接得证。如果 x 不是 a_{i+1}，因为 a_{k+1}的结束时间比 x 小，在 O_i中的将 x 替换为 a_{i+1}后得到的新集合 O_{i+1}还是相容的，并且元素数目没有变化，故 O_{i+1}依然是一个最优解集，而它的前 $i+1$ 个元素就是 A_{i+1}。

5.1.3 算法实现

贪心原则是优先考虑结束时间最早的活动，因此首先将 B 中的所有活动按结束时间排序。

算法 5.1

```
#include<stdio.h>
#include<algorithm>
using namespace std;
```

```
typedef struct TAction{
   int id;
   int s;
   int e;
};
bool cmp (const TAction a, const TAction b)
{
    return a.e <b.e;
}
int GreedyAction(TAction B[],TAction A[], int n) {
//输入：B是初始活动集合，A是选择出的最优集合，n是初始活动个数
//输出：选出的活动填写在 A 中，返回最优数目 m
   int i,j;
   sort(B,B+n,cmp);
   A[0]=B[0];
   i=1;
   j=1;
   while(i<n){
      if ( B[i].s>A[j-1].e)   // B[i]的起始时间大于 A 中最后一个元素的结束时间
           A[j++]=B[i];
      i++;
   }
   return j;
}
int main()
{
  TAction  B[]={{1,1,4},{2,3,5},{3,0,6},{4,5,7},{5,3,8},{6,5,9},{7,6,10},
  {8,8,11}, {9,8,12}, {10,2,13}, {11,12,14}};
   TAction A[12];
   int i,j,k,n=11;
   j=GreedyAction(B,A,11);
   printf("%d",j);
   for(i=0;i<j;i++)
     printf("%d ",A[i].id);
}
```

上述算法的时间复杂性为 $O(n\log(n))$，主要由其中的 sort 复杂性决定。

5.2 服务调度问题

5.2.1 问题描述

n 个客户 $\{1,2,\cdots,n\}$ 同时向服务器申请服务，每个客户需要的服务时间是 t_i，服务器一次只能服务一个客户，并且服务完成才能服务下一个客户。在未进行服务前，客户必

须等待。需要给出一个服务顺序，使得 n 个客户的总等待时间最短。

5.2.2 问题分析

如果一个服务顺序是$\{a_1,a_2,\cdots,a_n\}$，当服务第 i 个客户 a_i 的时候，剩下的$n-i$ 个客户都需要等待 t_{a_i} 时间，则总等待时间是 $T=\sum_{1\leqslant i\leqslant n}(n-i)t_{a_i}$，需要给出一个贪心原则使最后得到的总等待时间最短。

贪心原则与结构原则：客户初始集合 $B_0=\{1,2,\cdots,n\}$，假设第 $i-1$ 次选择后 $A_{i-1}=\{a_1,a_2,\cdots,a_{i-1}\}$是一个按时间顺序的服务安排，它是某最优顺序 O_{i-1} 的前 $i-1$ 项。贪心原则是从剩余客户集合 $B_{i-1}=B_0-A_{i-1}$ 中选择服务时间最短的客户 a_i，加入 A_{i-1}，结构原则是 a_i要安排在 a_{i-1}后面服务。

最优性证明：现需证明结论 $A_i=\{a_1,a_2,\cdots,a_i\}$是某最优顺序 O_i 的前 i 项。假设 O_{i-1}的第 i 项是客户 x，如果 $x=a_i$则前述结论自然已经证明。否则，假设 a_i在第 j 项，有 $t_{a_i}\leqslant t_x, j>i$。现在 O_{i-1}中交换客户 a_i和 x，计算时间的变化

$$\begin{aligned}\Delta T&=(n-i)t_x+(n-j)t_{a_i}-(n-i)t_{a_i}-(n-j)t_x\\&=(i-j)(t_{a_i}-t_x)\geqslant 0\end{aligned}$$

说明 O_{i-1}中交换客户 a_i和 x 后总等待时间还是最优的，因此$\{a_1,a_2,\cdots,a_i\}$是一个最优顺序的前 i 项。

5.2.3 算法实现

将所有客户按服务时间由小到大排序即是最优服务顺序。

算法 5.2

```
#include <stdio.h>
#define INFINITE 0x7fffffff
#include<algorithm>
using namespace std;
typedef struct TClient1{
   int id;
   int t;
};
bool cmp (const TClient1 a, const TClient1 b)
{
    return a.t <b.t;
}
int GreedySchedule1(TClient1 B[],int n) {
//输入：B是初始客户集合,n是初始客户个数
//输出：最优调度填写在B中,返回 1
   sort(B,B+n,cmp);
   return 1;
}
```

```
int main()
{
    TClient1 B[]={{1,5},{2,10},{3,3}};
    int i,j;
    GreedySchedule1(B,3);
    for(i=0;i<3;i++)
      printf("%d ",B[i].id);
}
```

5.3 最迟时间限制服务调度问题

5.3.1 问题描述

有 n 个客户向服务器申请服务，每个客户需要的服务时长都为 1，服务器一次只能服务一个客户，并且服务完成才能服务下一个客户。每个客户 i 有一个最迟服务时间 $d_i \leqslant n$，必须在此前提供服务，并可获得 $f_i > 0$ 的收益。现要求给出一个最优的安排，使得系统总收益最大。

5.3.2 问题分析

客户初始集合 $B_0=\{1,2,\cdots,n\}$，事先准备一个数组 A 即客户调度的时间表，$A[i]=a$ 表示一个客户 a 安排在时间 i。如果使用贪心方法，需要解决两个问题，一是在第 i 次处理阶段中，应用贪心原则从剩余客户集合 B_{i-1} 中选择一个客户 a_i；二是需要在时间表中给客户 a_i 安排一个服务时间 t_i，即在 $A[t_i]$ 中填写 a_i。$A[t_i]=0$ 表示该时间是空闲时间。

因为一个时间只能安排一个客户，因此可能存在某个客户被挑出时，他的可服务时间都已经安排给先前挑出的其他客户了，故对该客户只能放弃安排。如果剩余的客户都已经安排了，或者剩余的客户都必须放弃，则贪心算法结束。

贪心原则与结构原则：本问题应用的贪心原则是在剩余集合 B_{i-1} 中，优先选择客户 a_i，他的服务收益 f_{a_i} 最大。结构原则是将 a_i 安排到可能最迟的服务时间 t_i，即 $t_i=\max(t \leqslant d_{a_i} \wedge A[t]=0)$，如图 5.3 所示。

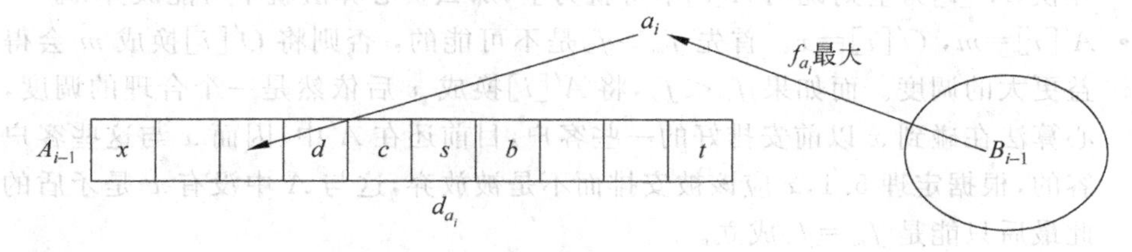

图 5.3 贪心原则与结构原则

最优性证明：假定已知一个最优调度数组 O，贪心算法输出一种服务调度数组 A，现要证明 A 也是一个最优调度。假定有一些客户在这两个调度中都出现了，我们于是对 A

和O先做一些位置变换(不改变调度的合理性),将这些客户安排在两个调度的对应相同的时间,从而得到A'和O'。这些变换只是改动了服务时间,因此O'还是一个最优调度。变换方法是当$a=A[i]=O[j]$时:

- 如果$i=j$,则不做变换。
- 如果$i<j$,首先$A[j]$不会为空,否则根据结构原则,贪心算法会将a填在$A[j]$而不是$A[i]$。于是将a和$b=A[j]$互换。互换也不会导致a,b超时,因为b换到了更早的时间,而a在O中就是位于j。
- 如果$i>j$,则对$O[j]$作类似的变换,将a由$O[j]$转移到$O[i]$。

如图5.4所示,客户a、c、d同时出现在贪心算法调度A和最优调度O中,根据a、c、d所在的时间,A中a和c应往后换位,O中的d应向后换位,最后在A'和O'中,a、c、d处在同一个时间。

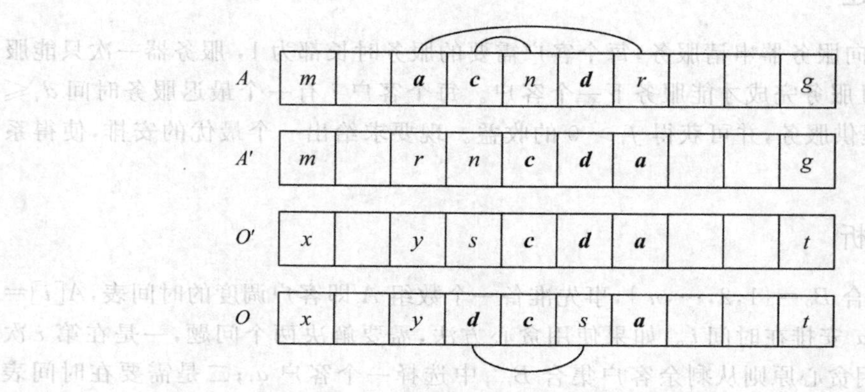

图5.4 最优调度O和贪心调度A进行换位

再讨论A'和O'中其他的时间出现的客户。它们都应是单独出现,即如果$A'[i]=m$,则m一定不在O'中出现,同理在O'中出现的客户x,也不会在A'中出现。也分几种情况讨论:

- 如果$A'[i]=m$,$O'[i]$为空,这是不可能的,否则就可以将m安排到$O'[i]$中,从而得到一个总收益更大的调度。
- 如果$O'[i]=x$,$A'[i]$为空,这也是不可能的。因为对A的只做了客户服务时间互换,$A'[i]$为空则说明$A[i]$本身就为空,那么贪心算法就不可能放弃x。
- $A'[i]=m$,$O'[i]=x$。首先$f_m>f_x$是不可能的,否则将$O'[i]$换成m会得到收益更大的调度。而如果$f_m<f_x$,将$A'[i]$换成x后依然是一个合理的调度,而贪心算法在碰到x以前安排好的一些客户,目前还在A'中,因而x与这些客户是相容的,根据定理5.1,x应该被安排而不是被放弃,这与A中没有x是矛盾的。因此最后只能是$f_m=f_x$成立。

至此,对于所有的i,我们得到要么$A'[i]=O'[i]$,要么$f_{A'[i]}=f_{O'[i]}$,故而A'的总收益也是最优,说明贪心算法输出了最优的安排。证毕。

下面是定理5.1及其证明。

定理5.1 如果有k个客户存在一种合理调度,则称他们相容。对相容的客户集合,贪心算法可以输出所有客户的安排。

证明：如果安排某个客户 x 时，时间区间$[1, d_x]$没有空闲位置，此时 $d_x<k$，而$[d_x+1,k]$之间必须有空闲位置。假设 p 是$[d_x+1,k]$之间第一个空闲位置，则说明前面有 $p-1$ 个已安排客户的最迟服务时间小于 p，而 $d_x<p$，故连同 x 至少存在 p 个客户的最迟服务时间小于 p，从而不可能存在一个合理调度。这说明每个客户 x 都能被贪心算法找到空闲位置，从而输出了所有客户的安排。

5.3.3　算法实现

根据结构原则，对每个客户 x，需要查找$[1,d_x]$间最大的空闲时间。为了查找的效率，可以用索引数组 m，$m[t]$表示$[1, t]$中的最大空闲时间，当空闲时间 $free=m[t]$被安排给客户后，所有满足 $m[k]=free$ 的$m[k]$必须更新为 $m[free-1]$。

算法 5.3

```
#include <stdio.h>
#define MAX 100
#include<algorithm>
using namespace std;
typedef struct TClient2{
   int id;
   int d;
   int f;
};
bool cmp (const TClient2 a, const TClient2 b)
{
    return a.f >b.f;
}
int GreedySchedule2(TClient2 B[],TClient2 A[], int n) {
//输入：B是初始客户集合,A是最优调度,n是初始客户个数
//输出：最优调度填写在A中,返回最优数目m
   int i,j;
   int m[MAX],free,cnt=0;
   sort(B,B+n,cmp);
   for(i=0;i<=n;i++) m[i]=i;
   for(i=0;i<n;i++){
      free=m[B[i].d];
      if(free>0) {
         A[free]=B[i];
            cnt++;
         j=free;
         while( m[j]==free)
            m[j++]=m[free-1];
      }
   }
```

```
    return cnt;
}
int main()
{
    TClient2 B[]={{1,3,20},{2,1,15},{3,1,10},{4,3,7},{5,1,5},{6,3,3}};
    TClient2 A[6];
    int i,j,k,n=6;
    j=GreedySchedule2(B,A,n);
    for(i=0;i<n;i++)
      printf("%d ",A[i].id);
}
```

5.4 ε-背包问题

5.4.1 问题描述

第 4 章中给出了 0-1 背包问题的动态规划解法，其时间复杂性为 $O(nC)$。由于背包问题本身就是一个最优子集选择问题，此时 B 为物体集合$\{1, 2,\cdots, n\}$，A 为背包，考虑一种贪心原则，每次选择单位重量价值最大的物体装入背包。

但这种贪心原则并不合理。一个反例是 $n=3$, $C=50$, $w=[10,20,30]$,$v=[60,100,120]$，则 3 个物体的单位重量价值 v/w 分别是 6,5,4，使用贪心选择原则得到的结果是 $A=\{1,2\}$，总价值是 160，还剩余了 20 的背包容量。但最优解却是 $A=\{2,3\}$两个物体，总价值是 220。

现将问题做一下修改，物体可以部分装入背包，称为 ε-背包问题。则前面的例子中，应用贪心算法后，最后的剩余空间还可以装物体 3 的一部分，增加了价值 $20 * 4=80$，因而总价值为 240，达到最大。

5.4.2 问题分析

在 ε-背包问题中，**贪心原则**是优先选择单位重量价值，不妨假设物体$\{1, 2,\cdots, n\}$已经按 v/w 排序。

最优性证明：应用贪心算法得到的解，存在两种情况，一是背包装入了所有物体，这时显然已得到最优解。二是背包已满，但还剩余一些物体未能装入，这时背包里的物体单位重量价值都比外面的大，任何不同的解都需要将背包里的某物体拿出一部分，同时将背包外的物体换入相同重量，而这不可能导致最优解。因此说明贪心方法得到了最优解。

5.4.3 算法实现

算法 5.4

```
#include <stdio.h>
#include<algorithm>
```

```
using namespace std;
typedef struct TObj{
   int id;
   int w;
   int v;
   double unitv;
};
bool cmp (const TObj a, const TObj b)
{
    return a.unitv >b.unitv;
}
double GreedyKnapsack(int n,int C,TObj B[],double A[]){
//输入：n 物体个数,C 背包容量,B 物体数组,A 是对应排序后 B 中相应物体的装载重量
//输出：完成 A 的填写,返回最大价值
   int i,j,k,Cleft;
   double VSum;
   for(i=0;i<n;i++){
      A[i]=0;
      B[i].unitv=1.0*B[i].v/B[i].w;
   }
   sort(B,B+n,cmp);
   Cleft=C;
   VSum=0;
   for(i=0;i<n;i++)
     if(Cleft>=B[i].w){
        A[i]=B[i].w;
        Cleft-=B[i].w;
        VSum +=B[i].v;
     }
     else{
        A[i]=Cleft;
        VSum +=Cleft*B[i].unitv;
        break;
     }
   return VSum;
}

int main()
{
    int n=3;
    int C=50;
    TObj B[3]={{1,10,60},{2,20,100},{3,30,120}};
    double v,A[3];
    int i,j;
```

```
    v=GreedyKnapsack(n,C,B,A);
    printf("%f",v);
    for(i=0;i<3;i++)
        printf("\n%d %f ", B[i].id, A[i]);
    getchar();

}
```

5.5 最小生成树问题

5.5.1 问题描述

一个带权的无向连通图$G=(V, E)$，V是顶点集合，E是边的集合，如果树T是G的子图，并且T包含G的所有顶点，则T称为G的生成树。G的所有生成树中，如果T的权和最小，则T是G的最小生成树。

本节介绍建立G的最小生成树的Prim算法和Kruskal算法，它们都是贪心算法。

5.5.2 Prim算法原理

定理5.2 如果T_s是G的某个最小生成树T的子树，令A为T_s的顶点集合，则连接A和V-A的最小连接边e加入T_s后，新得到的树T_s'还是某个最小生成树的子树。

证明：如果e属于T则结论已经得证。否则假定e的顶点u属于A，v属于V-A，在T中存在一条由u到v的路径R，R上一定存在一条边e'的端点u'属于A，v'属于V-A，可以在T中去掉边e'，加入边e，新得到的树T'的权和不大于T的权和，故T'也是一个最小生成树，而它包含了T_s'。

Prim算法是根据定理5.2设计的贪心算法。首先选择图中任一顶点作为A_0，$B_0=V$-A_0，$T_0=\{\}$，随后的**贪心原则**是选择连接A_i和B_i的最短边e_{i+1}加入T_i，e_{i+1}在B_i中的顶点进入A_i。树的生成过程如图5.5所示，图5.5(a)是图G，顶点0作为A的第一个顶点，图5.5(b)～(f)显示5次选择A和V-A的最短边加入生成树。

5.5.3 Prim算法实现

算法5.5

```
#include <stdio.h>
#include<algorithm>
using namespace std;
#define MAX 100
#define INFINITE 0x7fffffff
typedef struct TEdge{
  int u;
  int v;
  double cost;
```

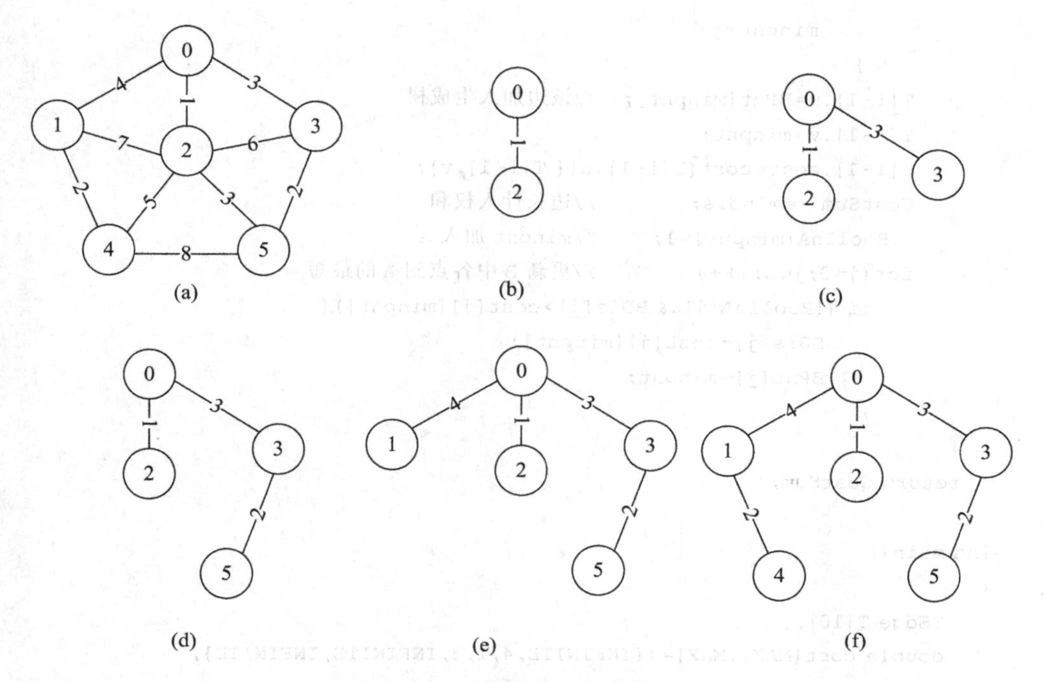

图 5.5　Prim 算法示意图

```
};
int MST_Prim(double cost[MAX][MAX],int n,TEdge T[]) {
//输入：cost 是权值矩阵，n 是顶点个数，T 是最小生成树的边
//输出：填写 T 并返回最小权和
   int i,j,k;
   double BDis[MAX],BPnt[MAX];
   //BDis[j]记录 B=V-A 中 j 点到 A 的最短边(i,j)长度,BPnt[j]记录的另一个端点是 i
   //利用这两个数组获得 A 与 B 的最短边
   int minpnt,BoolInA[MAX];
   double mindis, CostSum;

   for(i=0;i<n;i++) {
       BDis[i]=cost[0][i];
       BPnt[i]=0;
       BoolInA[i]=0;
   }
   BoolInA[0]=1;
   CostSum=0;
   for(i=1;i<n;i++){
       mindis=INFINITE;
       for(j=0;j<n;j++)    //获得最短边
           if(!BoolInA[j]&&mindis>BDis[j]){
               mindis=BDis[j];
```

```
                minpnt=j;
            }
        T[i-1].u=BPnt[minpnt];   //该边加入生成树
        T[i-1].v=minpnt;
        T[i-1].cost=cost[T[i-1].u][ T[i-1].v];
        CostSum +=mindis;        //边长计入权和
          BoolInA[minpnt]=1;     //minpnt加入A
        for(j=0;j<n;j++)         //更新B中各点到A的最短
            if (!BoolInA[j]&& BDis[j]>cost[j][minpnt]){
                BDis[j]=cost[j][minpnt];
                BPnt[j]=minpnt;
            }
    }
    return CostSum;
}
int main()
{
    TEdge T[10];
    double cost[MAX][MAX]={{INFINITE,4,1,3,INFINITE,INFINITE},
    {4,INFINITE,7,INFINITE,2,INFINITE},
    {1,7,INFINITE,9,5,3},
    {3,INFINITE,9,INFINITE,INFINITE,2},
    {INFINITE,2,5,INFINITE,INFINITE,8},
    {INFINITE,INFINITE,3,2,8,INFINITE}};
    double v;
    int i,j,k;
    v=MST_Prim(cost,6,T);
    printf("%f",v);
    for(i=0;i<5;i++)
        printf("%d, %d\n ",T[i].u,T[i].v);
    getchar();
}
```

算法的时间复杂性为 $O(n^2)$。

5.5.4 Kruskal 算法原理

定理 5.3 对于图 $G=(V, E)$，假设边的集合 A 属于某个最小生成树 T，e 是集合 $B=E-A$ 中的最小边，如果 e 与 A 中的边不构成环路，则 e 加入 A 后形成的集合 A' 属于某个最小生成树 T'。

证明：如果 e 在 T 中，则已经得证。如果 e 不在 T 中，假定 e 的两个端点是 u，v，在 T 中存在一个 u 到 v 的路径 R，则 R 上一定有 B 的边 e'（如果全部是 A 的边，则会与 e 构成环路）。由于 e 是最小边，故在 T 中去掉 e' 加上 e 得到的树 T' 也是最小生成树，它包含 A 和 e。

Kruskal 算法是根据定理 5.3 设计的贪心算法。初始时 A_0 为空，B_0 为 E，随后的**贪心原则**是取出 B_i 的最短边 e_{i+1}，如果不与 A_i 构成环路，则加入 A_i。图 5.6(a)是图 G，图 5.6(b)～(f)是逐步应用贪心原则取出 5 条边形成最小生成树。

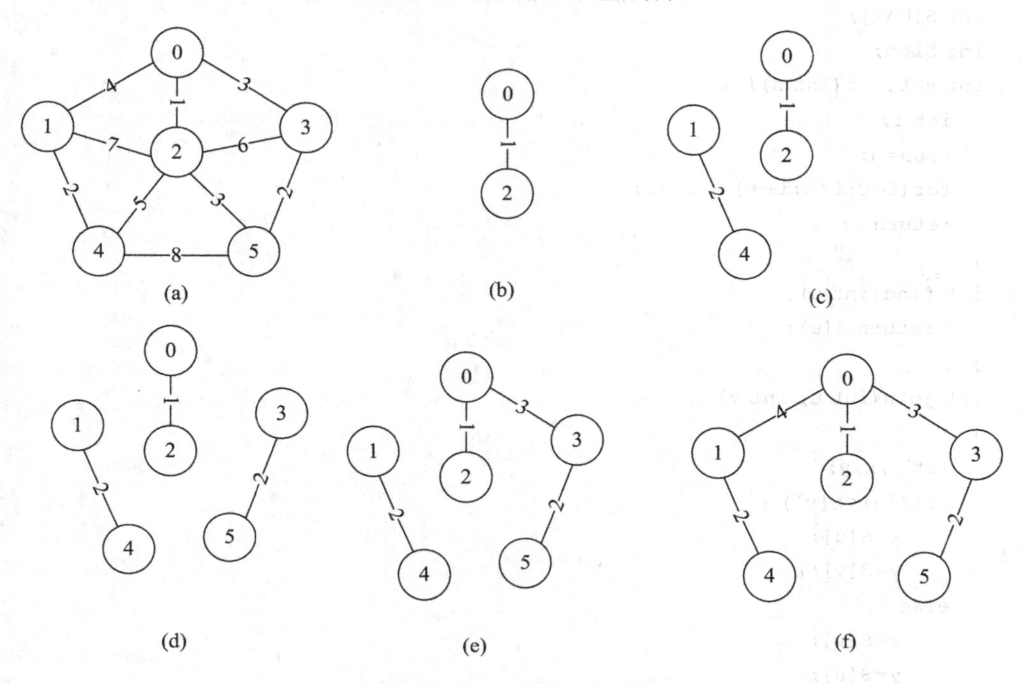

图 5.6 Kruskal 算法示意图

为了判断 e 是否与 A 构成环路，考虑图 $G'=(V, A)$，它包含一些连通子图，如果 e 的两个端点属于同一个连通子图，则一定存在环路，不能加入。当 e 的两个端点分属两个连通子图时，加入 e 后应将两个连通子图合并成一个连通子图。将连通子图顶点作为集合，可以应用并查集技术。

5.5.5 Kruskal 算法实现

算法 5.6

```
#include <stdio.h>
#include<algorithm>
using namespace std;
#define MAX 100
typedef struct TEdge{
   int u;
   int v;
   double cost;
};
bool cmp (const TEdge a, const TEdge b)
{
```

```
    return a.cost <b.cost;
}

int S[MAX];
int SLen;
int setinit(int n){
    int i;
    SLen=n;
    for(i=0;i<n;i++) S[i]=i;
    return 1;
}
int find(int u){
    return S[u];
}
int join(int u, int v)
{
    int i,x,y;
    if(S[u]<S[v]) {
        x=S[u];
        y=S[v];}
    else {
        x=S[v];
        y=S[u];
    }

    for(i=0;i<SLen;i++)
        if (S[i]==y) S[i]=x;
    return 1;
}

int MST_Kruskal(int n, int m, TEdge B[],TEdge A[]){
//输入：n是顶点数,m是边数,B数组是边集合,A是最小生成树边集
//输出：
    int i,j,k;
    double CostSum;
    sort(B,B+m,cmp);
    setinit(n);     //并查集初始化
    CostSum=0;
    j=0;
    for(i=0;i<m;i++)
        if( find(B[i].u) !=find(B[i].v)) {
            A[j++]=B[i];
            CostSum +=B[i].cost;
            if(j>=n-1) break;
```

```
            join(B[i].u, B[i].v);
        }
    return CostSum;
    }

int main()
{
    TEdge B1[10]={{0,1,4}, {0,2,1}, {0,3,3}, {1,2,7}, {1,4,2}, {2,3,6},
        {2,4,5}, {2,5,3},{3,5,2},{4,5,8}};
    TEdge A1[10];

    double v;
    int i,j,k;
    v=MST_Kruskal(6,10,B1,A1);
    printf("%f",v);
    for(i=0;i<5;i++)
        printf("%d, %d\n",A1[i].u,A1[i].v);
}
```

上述实现的时间复杂性是 $O(nm+m\log(m))$，其中包括排序的复杂性 $O(m\log(m))$ 以及 m 次贪心选择（m 次 find 与 join 调用）的复杂性 $O(mn)$。算法 5.6 中并查集使用一个数组来实现。更好的并查集实现是使用树结构[①]，能使 m 次 find 与 join 调用的时间复杂性为 $O(m)$，从而 Kruskal 算法的时间复杂性能达到 $O(m\log(m))$。相比 Prim 算法 5.5 实现的 $O(n^2)$，我们知道 $n-1\leqslant m\leqslant(n-1)n$，如果 $m=\Theta(n)$，则 Kruskal 算法更好；如果 $m=\Theta(n^2)$，则 Prim 算法更好。

5.6 单源最短路径问题

5.6.1 问题描述

一个带权有向图 $G=(V,E)$，每条边的权值为正，给定一个源点 s 属于 V，计算其到其他顶点的最短路径。假设任意两个点顶点 u、v 之间有两个有向边 (u,v) 和 (v,u)，如果缺了则添加，并令其权值为正无穷。

5.6.2 Dijkstra 算法原理

定理 5.4 如果从 u 到 v 点的最短路径 $L=(u,\cdots,x,\cdots,y,\cdots,v)$，则 L 上的子段 $l=(x,\cdots,y)$ 也是最短路径。

证明：如果子段 l 不是最短的，则可以用 x 到 y 的最短路径来替换 l，从而得到一条更短的 u 到 v 的路径 L'，这与 L 是最短的相矛盾。

---

① Gilles Brassard, Paul Bratley. Fundamentals of Algorithmics. 北京：清华大学出版社。

下面介绍 Dijkstra 算法。先将问题变化为一个适合贪心算法的子集选择问题。定义 A 为这样一个顶点集合：其中的每个点 a，存在一条从源点 s 到 a 的全局最短路径，并且该最短路径不包含 A 之外的点。显然源点 s 本身在 A 中。定义 $B=E-A$，需要从 B 中选择一个点 a 进入 A。

对 A 中一个点 k，记 p_k 是一条从 s 到 k 的最短路径，p_k 上所有的顶点都在 A 内。定义 B 中一个顶点 i 的路径集合 R_i，

$$R_i = \{r \mid r = p_k \text{ join } (k,\ i),\ k \in A\}$$

R_i 中的路径 r 是先由 s 点通过最短路径到达 A 中的点 k，然后由 k 通过直连边到达 i。

假设 p_i' 是 R_i 中最短的一条，由于 R_i 并不包括所有从 s 到 i 的路径，所以称 p_i' 是一条**局部最短路径**。至此，叙述中的未明确表明“局部最短路径”时，“最短路径”指全局最短路径。

定理 5.5 所有 B 中的顶点中，最短的局部最短路径 p_i' 是全局最短路径。

证明：如图 5.7 所示，假设有一条 s 到 i 的全局最短路径 L，且 b 是路径上第一个 B 中的点，由定理 5.4，L 上 s 到 b 的子段是全局最短路径，再由于 s 到 b 子段含于 R_b 中，因此该子段也是 p_b'，故有长度 $|p_b'| \leqslant L$。再根据 p_i' 是 B 中最短的，有 $|p_i'| \leqslant |p_b'|$，因此 $|p_i'| \leqslant L$，而依假设 L 是 s 到 i 的全局最短路径，只有 $|p_i'| = L$ 成立。

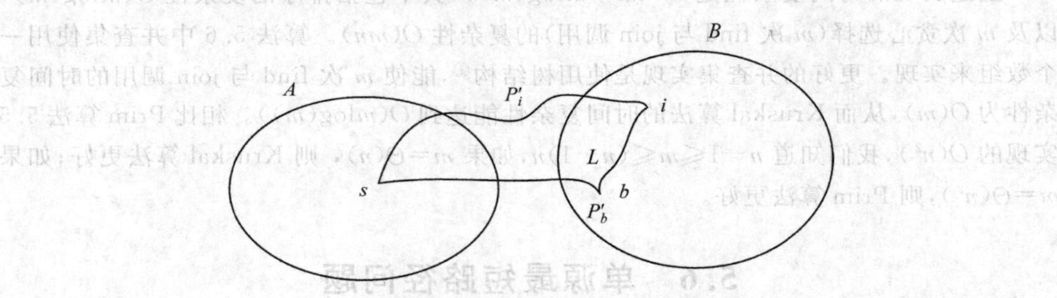

图 5.7 最短的局部最短路径 p_i' 是全局最短路径

根据定理 5.5，Dijkstra 算法设计的**贪心原则**是：初始时令 $A_0=\{s\}$，$B_0=V-\{s\}$。然后计算 B_{i-1} 中每个顶点的局部最短路径长度，取出其中局部最短路径最短的顶点 a_i 加入 A_{i-1}。

5.6.3 Dijkstra 算法实现

算法 5.7

```
#include <stdio.h>
#define INFINITE 0x7fffffff
#define MAX 100
int  PathDijkstra (double cost[MAX][MAX], int n, int s, double Dist[], int Pre[])
{
/*
```

```
输入:cost 是权值矩阵,n 是顶点个数,s 是源点,Dist[i] 用于记录顶点 i 的局部最短路径长
    度,算法结束时是全局最短,Pre[i]用于记录最短路径的前一个顶点编号,逐步回溯就可得
    到 s 到 i 的最短路径上所有的顶点
输出:Dist 和 Pre 中得到每个点的最短路径,返回 1
*/
    int i,j,k,count;
    int BoolInA[MAX];
    double mindis;
    int minpnt;
    for (i=0;i<n;i++){
        Dist[i]=cost[s][i];
        Pre[i]=s;
        BoolInA[i]=0;
    }
    BoolInA[s]=1;
    for (count=1; count<=n-1; count++){
        mindis=INFINITE;
        for(i=0;i<n;i++)
            if (!BoolInA[i]&& mindis>Dist[i]){
                mindis=Dist[i];
                minpnt=i;
            }
        BoolInA[minpnt]=1;
        for (i=0;i<n;i++)
            if (!BoolInA[i]&& Dist[i]>Dist[minpnt]+cost[minpnt][i]){
                Dist[i]=Dist[minpnt]+cost[minpnt][i];
                Pre[i]=minpnt;
            }
    }
    return 1;
}
int main()
{
    double cost[MAX][MAX]={
        {INFINITE,10,INFINITE,30,100},
        {INFINITE,INFINITE,50,INFINITE,INFINITE},
        {INFINITE,INFINITE,INFINITE,INFINITE,10},
        {INFINITE,INFINITE,20,INFINITE,60},
        {INFINITE,INFINITE,INFINITE,INFINITE,INFINITE}
    };
    double dist[MAX];
    int pre[MAX];
    int i,j,k;
    PathDijkstra(cost,5,0,dist,pre);
```

```
    for(i=0;i<5;i++)
        printf("%f ",dist[i]);
}
```

上述实现的时间复杂性是 $O(n^2)$。

5.7 本章习题

习题 5.1 应用堆实现 Kruskal 算法。

习题 5.2 有 n 个顾客，每个顾客 i 需要服务时间 t_i，不妨假定 t_i 已经从小到大排序。如果有 s 个不同的服务者，证明顾客在系统中停留的平均时间最短的方式是服务器 j 依次服务 j，$j+s$，$j+2s$，…。

习题 5.3 假设 $P_1,P_2,\cdots,P_n$ 是 n 个程序，P_i 的长度是 s_i 个字节，有一个硬盘总容量是 D 字节，满足 $D<\sum_{i=1}^{n}s_i$，设计两个算法，分别满足存储的程序最多，以及硬盘的占用最大。

习题 5.4 有 k 个会议，已知每个会议有开始时间和结束时间，这些会议可能有时间冲突。设计一个算法，用最少数目的会场举办这些会议。

习题 5.5 一条公路沿线有 k 个加油站，已知任意两个相邻加油站的距离，一辆汽车加满油可以跑 n 千米，设计算法，使汽车能用最少的加油次数跑完全程。

第6章

深度优先搜索

图是许多计算问题的模型,问题的解在图中的某些节点上,计算的过程就是搜索图中解节点的过程。搜索图的过程是一个穷举的过程,一个规模为 n 的问题,构造的图模型往往存在指数级的节点数目,从而使用图搜索的方法计算复杂性很高。通过剪枝技术可以判断一些子图中不存在解节点,从而可以放弃搜索子图以降低图搜索的时间复杂性。

本章介绍深度优先的搜索方法,它是一类面向树或图结构的递归搜索方法,当应用在树或者有向无环图上时,也称为回溯法。

6.1 树的搜索

6.1.1 解空间、子集树与排列树

考虑3个物体的0-1背包问题,一个解可以用3维向量 $x=(x_1,x_2,x_3)$ 表示,其中 $x_i=1$ 表示物体 i 装入背包中,$x_i=0$ 表示物体 i 不装入背包。因此可能的解有以下几种:(1,1,1),(1,1,0),(1,0,1),(1,0,0),(0,1,1),(0,1,0),(0,0,1),(0,0,0),一个问题所有的解构成了问题的解空间。

我们需要将解空间安排在一个树结构上,从而可以用树的遍历算法来搜索最优解。树的构造方法是:节点 v 表示前 i 个物体是否装载的一个状态,节点 v 下面有两条边,分别表示对第 $i+1$ 个物体是否装入的决策。经过决策边后进入下一个状态节点,表示前 $i+1$ 个物体的装载状态。这种表明决策引起状态变化的树,是一种决策树。在0-1背包问题中,每个状态下只有两种决策,故最后得到一个二叉树。

图6.1所示的二叉树表示3个物体的背包问题,树的每条边上标记了决策值,从树根到一个叶子节点途经的所有边,其决策值向量就是背包问题需要考察的一个解。所有的叶子节点构成背包问题的解空间,遍历这棵树寻找最好的叶子节点,就可以得到背包问题的最优解。

因为一个解代表对集合(背包)中每个元素的选取,从而代表一个子集,因此图6.1构成的二叉树称为**子集树**。寻找一个集合的某个子集的问题,都可以用遍历子集树的方式求解。

再考虑一个旅行推销员问题。推销员需要到4个城市去推销商品,已知每两个城市之间的路程,要求选定一条从城市1出发,经过每个城市一遍,再回到城市1的路线,并使得总的路程最短。

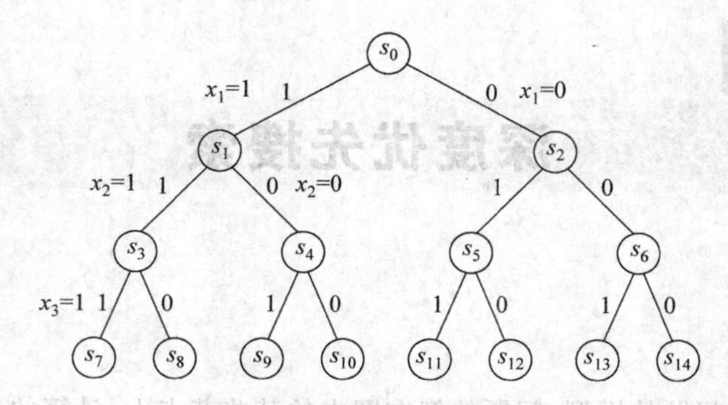

图 6.1 背包问题的子集树

将访问城市的编号序列作为问题的一个解，则问题的解空间有(1,2,3,4)，(1,2,4,3)，(1,3,2,4)，(1,3,4,2)，(1,4,2,3)，(1,4,3,2)。可以看出除了第一个城市被题目限定之外，后面 3 个城市的每一个排列构成一个解。我们也可以将旅游推销员问题的解放在一决策树中。推销员面临着一个决策问题，在访问城市 1 后，面临着 3 个城市的抉择，而下一次则面临 2 个城市的抉择，如图 6.2 所示。

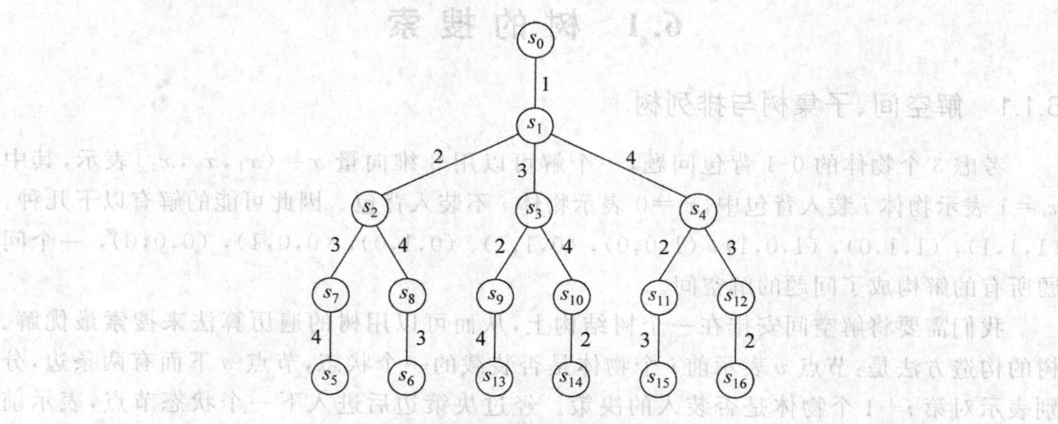

图 6.2 推销问题的排列树

图 6.2 中每个边标记了一个城市选择决策，根到叶子节点的决策向量代表了推销员问题的一个解。由于图 6.2 的叶子节点表达了各种排列，因此称为**排列树**。各种求解最佳排列次序的问题，可以通过遍历排列树来求解。

6.1.2 深度优先搜索

6.1.2.1 算法基本形式

一个计算问题的树模型的节点数目往往太多，例如 0-1 背包问题的子集树的节点个数是 $\Theta(2^n)$，则构造这棵子集树需要的内存以及时间都是指数级的，因此树的深度优先算法设计时，并不事先在内存中构建整棵树，只需要利用邻接关系和递归技术。

算法 6.1

```
DFS(u){                    //深度优先搜索
```

```
    if(u是解节点)
     输出 u;
    else
     for(u的每个孩子 wi)
       扩展出 wi 节点;
       if(constraints(wi) && bound(wi)) DFS(wi);              //剪枝处理
}
```

算法 6.1 从根节点开始，根据邻接关系，从一个节点 u 扩展出一个孩子节点 w_1 及其子树。此时 u 的其他孩子及其子树，并不进入算法的空间。等 w_1 的子树访问完毕，再去扩展并访问 w_2 及其子树，而 w_1 及其子树已在内存中放弃。因此递归算法处理的总是一个局部树结构，它一边进行局部树的扩展，一边进行对局部树的访问。

使用递归算法 6.1 时，算法先访问完 w_1 的子树，再访问 w_1 的兄弟节点 w_2，因此称为深度优先搜索。这个算法有时也称为**"回溯方法"**，因为在访问完一个子树后，沿着原路径逐节点回溯，并寻求搜索下一个分支。

6.1.2.2 剪枝

如果树的节点数很多，则访问所有的节点耗时太多，因此能事先判断某个子树中不可能存在解节点，则可以不对这个子树进行扩展，从而也避免了对其访问，提高了算法的性能。这个过程称为**剪枝**。算法 6.1 中剪枝是根据应用问题的约束条件(constraints)，以及对解的上下界条件(bound)进行。

如果问题是计算最小值问题，则需要计算节点的下界 lb；如果当前保存的最小值 $vmin > lb$，则扩展该节点，否则剪枝。如果是计算最大值问题，则需要计算节点的上界 ub，如果保存的最大值 $vmax < ub$，则扩展该节点，否则剪枝。

6.1.2.3 子集树与排列树搜索算法

如 6.1.1 节所述，子集树和排列树的节点可以用路径上的决策值向量表示。一条路径上的每个节点，可以共享一个全局的数组 x，如果一个节点 u 的路径是 $x[0], x[1], \cdots, x[i]$，则扩展 u 的孩子节点只需要填写 $x[i+1]$ 即得到。

子集树的深度优先搜索算法为：

算法 6.2

```
#define MAX 100
int x[MAX]; //路径记录沿途经过的边
int n;
int DFS(int i){
    if(i>=n)       //n树的高度
      处理一个解 x
    else
      for(a=0;a<2;a++){  //决策边是 0 和 1
        x[i]=a;          //填入决策值
        if (constraints(i) && bound(i)
            DFS(i+1);
```

```
        }
    return 1;
}
```

排列树的深度优先搜索算法为

算法 6.3

```
#define MAX 100
int x[MAX]; //须初始化为一个排列{1,2,…,n};
int n;
int swap(int i,int j){    //交换数组元素
    int k;
    k=x[i];
    x[i]=x[j];
    x[j]=k;
    return 1;
}
int DFS(int i){
    if(i>=n)        //n 树的高度
        处理一个解 x
    else
        for(k=i;k<n;k++){   //x[i]可以选择 x[i],x[i+1],…,x[n-1]
            swap(i,k);
            if (constraints(i) && bound(i)
                DFS(i+1);
            swap(i,k);
        }
    return 1;
}
```

子集树最多需要检测 2^n 个叶子节点，排列树最多需要检测 $n!$ 个叶子节点，因此都是复杂性极高的算法。

6.1.3 0-1 背包问题的回溯算法

0-1 背包问题是标准的子集树遍历问题。为了提高搜索效率，我们需要定义约束条件和界条件，在遍历过程中进行剪枝。

约束条件：路径上$(x_1,x_2,\cdots,x_{i-1})$已确定，此时如果背包剩余空间 Cleft 小于第 i 个物体的重量 w_i，则 $x_i=1$ 的子树是可以剪去的。

界条件：$(x_1,x_2,\cdots,x_i)$确定后节点的上界 ub 是在后续 $n-i$ 个物体按贪心算法原则装载得到，故事先需对 n 个物体按单位价值排序(参见 5.4 节)。如果已计算出的最优解的是 $vmax$，则在 $ub>vmax$ 时，节点 i 可以扩展。

算法 6.4

```
#include <stdio.h>
```

```
#include<algorithm>
using namespace std;
#define MAX 100
int n=5;   //物体数目
int C=10;  //最大容量
typedef struct obj{
  int id;
  int w;
  int v;
};
bool cmp (const obj a, const obj b)
{
    return 1.0 * a.v/a.w >1.0 * b.v/b.w;
}
obj objt[MAX]={{1,2,6},{2,2,3},{3,6,5},{4,5,4},{5,4,6}};

int vmax=0;  //最优价值
int x[MAX];  //存路径
int best[MAX]; //最优解

double upbound(int i,int Cleft, int V)
{   int k;
    double ub;
    ub=V;
    for(k=i+1;k<n;k++) {
          if(Cleft>=objt[k].w){
              ub +=objt[k].v;
              Cleft -=objt[k].w;
          }
          else{
              ub +=1.0 * Cleft * objt[k].v/objt[k].w;
              break;
          }
      }
     return ub;
}
int DFS(int i, int Cleft,int V){
   int k;
   if (i>=n){
       if(vmax<V) {
           vmax=V;
           for (k=0;k<n;k++) best[k]=x[k];
       }
   }
```

```
    else{
        x[i]=0;
        if (upbound(i,Cleft,V)>vmax)
            DFS(i+1,Cleft,V);
        x[i]=1;
        if (Cleft>=objt[i].w)
            if (upbound(i,Cleft-objt[i].w,V+objt[i].v)>vmax)
                DFS(i+1, Cleft-objt[i].w,V+objt[i].v);
    }
    return 1;
}
int Knapsack()
//输出：初始化 B,并调用 DFS 求解,返回 1
{
    int i,k,Cleft;
    sort(objt,objt+n,cmp);
    //先用贪心算法求出一个 vmax
    vmax=0;
    Cleft=C;
    for(k=0;k<n;k++)
            if(Cleft>objt[k].w){
                vmax+=objt[k].v;
                Cleft -=objt[k].w;
                best[k]=1;
            }
            else break;

    DFS(0, C, 0);
    return 1;
}
int main()
{
    int i;
    Knapsack();
    printf("%d\n",vmax);
    for (i=0;i<n;i++)
    {
        if(best[i])  printf("%d ",objt[i].id);
    }
    getchar();
}
```

6.1.4 *n* 皇后问题

在 $n \times n$ 的国际象棋盘上放置彼此不受攻击的 n 个皇后，输出所有的放置方法。按规

则，处于同一行、同一列、同一个45°或135°斜线的皇后能互相攻击。

一个放置可以$\{1,2,\cdots,n\}$的一个排列向量$x=(x_1,x_2,\cdots,x_n)$表示，其中x_i表示一个皇后位于第i行的第x_i列。由于排列向量中$x_i ! = x_j$，因此这种表示一个放置的方法已经满足了任意2个皇后不在同一行同一列。

故n皇后问题可用遍历排列树的方式得到合理的放置方法。

约束条件：虽然排列本身已经满足了同一行和同一列没有2个皇后的约束，但还必须满足2个皇后不在同一个斜线，即$|x_i - x_j| ! = i-j$。

界条件：不设置界条件。

算法6.5

```
#include <stdio.h>
#define MAX 100
int x[MAX];  //须初始化为一个排列
int n=8;
int cnt=0;
int constraints(int i){ //检查是否在45度或135度对角线
  int k;
  for(k=0;k<i;k++)
     if (x[i]-x[k]==i-k || x[i]-x[k]==k-i)
        return 0;
  return 1;
}
int swap(int i,int j){   //交换数组元素
   int k;
   k=x[i];
   x[i]=x[j];
   x[j]=k;
   return 1;
}
int DFS(int i){
   int k;
   if(i>=n)     //到叶子节点
      cnt++;
   else
      for(k=i;k<n;k++){  //x[i]可以选择x[i],x[i+1],…,x[n-1]
         swap(i,k);
         if (constraints(i))
            DFS(i+1);
         swap(i,k);
      }
   return 1;
}
int Queen(){
```

```
    int i,j;
    n=8;
    cnt=0;
    for(i=0;i<n;i++)x[i]=i+1;
    DFS(0);
    return 1;
}
int main()
{
    Queen();
    printf("%d",cnt);
}
```

6.1.5 旅行推销员问题

旅行推销员需要访问 n 个城市,每两个城市之间距离已知,需要规划一条线路,推销员从城市 1 出发,最后回到城市 1,访问完每个城市,并要求路程最短。

如 6.1.1 节所述,这是一个排列树的遍历问题。

约束条件:没有约束条件。

界条件:一个节点访问了 i 个城市,无论后续城市如何排列,x_i 和 x_{i+1} 的距离不小于 x_i 的最小出边,因此下界 lb 定义为前 i 个城市已走路程 r 加上 $x_i, x_{i+1}, \cdots, x_n$ 每个城市的最短出边和,如果当前计算的最优路程 $minr$,则当 $lb < minr$ 时,节点可以扩展。

算法 6.6

```
#include <stdio.h>
#define MAX 100
#define INFINITE 0x3fffffff
int x[MAX];  //须初始化为一个排列
int n=4;
int cost[MAX][MAX]={
    {INFINITE,30,6,4},
    {30,INFINITE,5,10},
    {6,5,INFINITE,20},
    {4,10,20,INFINITE}};
int minr=INFINITE;
int best[MAX];
int minout[MAX];
int lowbound( int i, int r){ //当前已访问 x[0]…x[i]城市,路程 r
    int k,sum;
    if(i<0) return INFINITE;
    sum=r;
    for(k=i;k<n;k++) sum +=minout[k];
    return sum;
```

```
}
int swap(int i,int j){    //交换数组元素
    int k;
    k=x[i];
    x[i]=x[j];
    x[j]=k;
    return 1;
}
int DFS(int i, int r){
   int j,k;
   if(i>=n){
      r=r+cost[x[i-1]][0];
       if(r<minr) {
         minr=r;
         for(k=0;k<n;k++) best[k]=x[k];
      }
   }
   else
     for (k=i;k<n;k++) {
           swap(i,k);
           if( lowbound(i,r+cost[x[i-1]][x[i]])<minr)
              DFS(i+1, r+cost[x[i-1]][x[i]]);
           swap(i,k);
     }
   return 1;
}
int TSP(){
    int i,k;
    for(i=0;i<n;i++)x[i]=i;
    for(i=0;i<n;i++){
      minout[i]=cost[i][0];
      for(k=0;k<n;k++)
          if(minout[i]>cost[i][k]) minout[i]=cost[i][k];
    }
    //先求一个minr
    for(k=0;k<n;k++) best[k]=k;   //初始化best
    minr=0;
    for(k=1;k<=n-1;k++) minr +=cost[best[k-1]][best[k]];
    minr +=cost[best[n-1]][best[0]];
    DFS(1,0);
    return 1;
}
int main()
{
```

```
    int i;
    TSP();
    printf("%d ",minr);
    for(i=0;i<n;i++) printf("%d ",best[i]);
}
```

6.1.6 最大团问题

完全图指一个图的任意两个顶点之间存在边。给定无向图$G=(V,E)$，如果G'为G的一个完全子图，且G不存在更大的完全子图包含G'，则G'是团。要求给出图G的最大团。

这个问题是求V的子集的问题，可以使用子集树进行回溯求解。我们只需要找出顶点数最多的完全子图即可。

约束条件：子集中加入一个点，这个点必须与以前的点构成完全图，即与以前的点都有直连边。

界条件：当前已经得到的子图顶点数，加上剩余未考虑的所有顶点数，构成节点的上界ub。

算法 6.7

```
#include <stdio.h>
#define MAX 100
int x[MAX];  //解路径
int vmax=1;   //最多点
int best[MAX]; //最佳解
int n=5;        //顶点个数
int Adj[MAX][MAX]={  //邻接矩阵
   {0,1,0,1,1},{1,0,1,0,1},{0,1,0,0,1},{1,0,0,0,1},{1,1,1,1,0}};
int constraints(int i){  //判断 i 点与以前的点是否全连通
  int j;
  for(j=0;j<i;j++)
     if (x[j]==1&&Adj[i][j]==0)  return 0;
  return 1;
}
int  DFS(int i,int v){
  int k;
  if (i>=n){
    if (vmax<v){
      vmax=v;
      for(k=0;k<n;k++) best[k]=x[k];
      }
  }
  else{
    x[i]=0;
```

```
    if (v+n-i-1>vmax)    //界条件：v加上剩余是节点上界
      DFS(i+1,v);

    x[i]=1;
    if(constraints(i))
      DFS(i+1,v+1);
  }
  return 1;
}
int Clique(){
  DFS(0,0);
  return 1;
}
int main()
{
   int i;
   Clique();
   printf("%d ",vmax);
   for(i=0;i<n;i++) printf("%d ",best[i]);
}
```

6.1.7 图着色问题

给定一个图 G 和 m 种颜色，要求给每个顶点一个颜色，并保证每条边的两个顶点颜色不同，问是否存在一种着色方案。

在测试 m 种颜色时，实际上是将顶点分成 m 个子集，需要解决的是一个扩充的子集树问题。如果 $m=2$ 则是前面所介绍的标准子集树。

约束条件：对第 i 个点分配颜色，它必须与邻点颜色不同。

界条件：没有界条件。

算法 6.8

```
#include <stdio.h>
#define MAX 100
int x[MAX];
int n=5;    //顶点数
int m=3;    //颜色数
int Adj[MAX][MAX]={    //邻接矩阵
    {0,1,0,1,1},{1,0,1,0,1},{0,1,0,0,1},{1,0,0,0,1},{1,1,1,1,0}};
int constraints(int i){
  int j;
  for(j=0;j<i;j++)    //不能与直连点颜色相同
    if (Adj[i][j] && x[j]==x[i])   return 0;
  return 1;
}
```

```
int  DFS(int i){
   int k;
   if (i>=n)
     return 1;
   else{
     for(k=0;k<m;k++){
          x[i]=k;
          if (constraints(i))
               if(DFS(i+1)==1) return 1;
       }
     return 0;
   }
}

int Coloring(int x){
   m=x;
   return DFS(0);
}
int main()
{
    int i;
    for(i=1;i<=n;i++) printf("%d ",Coloring(i));
}
```

6.1.8 连续邮资问题

某国家准备发行 n 种不同面值的邮票，并且每个信封最多只能贴 m 张邮票，要求给出由小到大的面值设计$(x_1, x_2, \cdots, x_n)$，使得用最多 m 张邮票进行组合，可以贴出 $1\sim k$ 的所有邮资，并使 k 达到最大。

例如，面值设计为(1,3)，信封上最多贴 3 张邮票，则可以贴出 1、2、3、4、5、6、7 的连续面值，虽然能贴出 9，但是 8 贴不出，因此最大的 k 是 7。下面分析一般情况。

首先因为要贴出面值 1，因此 $x_1=1$。用这一张邮票，可以贴出连续邮资区间 $1\sim m$，则 x_2 可以选择范围是 $2\sim(m+1)$（如果 x_2 超出了 $m+1$，则 $m+1$ 这个面值就无法贴出）。故如果已知面值 $x_1, \cdots, x_{i-1}$，它们贴出的连续邮资区间是 $1\sim(r_{i-1})$，则 x_i 的选择范围是 $(x_{i-1}+1)\sim(r_{i-1}+1)$。能得到 x_i 的选择范围，就可以对每个 x_i 的选择扩展一个决策子树，使用算法 6.1 继续进行后续扩展和搜索。

在确定一个 x_i 后，需要计算 r_i，以支持深度搜索继续进行。一个快速的由$(x_1, x_2, \cdots, x_i)$确定 r_i 的方法是定义一个数组 y，其中 $y[k]$记录使用$(x_1, x_2, \cdots, x_{i-1})$贴出邮资 k 的最少邮票数。当新增一个面值 x_i 时，需要更新数组 y。此时对于邮资 $k<x_i$，因为使用不到 x_i 这张邮票，因此 $y[k]$值不受影响。对于 $k\geqslant x_i$，x_i 最多可出现 $d=k/x_i$ 次，有

$$y[k] = \min_{0\leqslant j\leqslant d}(y[k-j\times x_i]+j)$$

更新数组 y 后，在 y 中搜索一个 r_i，对所有的 $k \leqslant r_i$，满足 $y[k] \leqslant m$，而 $y[r_i+1] > m$。

算法 6.9

```
#include <stdio.h>
#define MAXN 10
#define MAXM 8
#define MAXP 1000
int x[MAXN];  //邮票面值
int n=5,m=4;  //n 设计张数,m 可贴张数
int rmax;     //可贴最大连续值
int best[MAXN]; //最佳设计
int UpdateY(int i,int y[],int ynew[]){
/*第 i 张邮票是新加的 1 张邮票,使用它后,计算各数值对应的最少邮票数 ynew
输入:i 是当前的邮票编号,y 是不使用邮票 i 时,各数值对应的最少邮票张数,
      ynew 是应用邮票 i 后,计算得到新的 y
输出:填写 ynew 后,返回 1
*/
   int k,j,miny;
   for(k=0;k<x[i];k++) ynew[k]=y[k]; //小于 x[i]的数值,保持原来的 y
   for(k=x[i];k<MAXP;k++){              // x[i]以上的,可以用上第 i 张邮票
      ynew[k]=y[k];
      for(j=0;j<=k/x[i];j++)
         if(y[k-j*x[i]]+j<ynew[k])  //使用 j 张 x[i]后,y[k]可能会减少
            ynew[k]=y[k-j*x[i]]+j;
   }
   return 1;
}
int GetR(int y[]){
//输入:各数值对应的最少邮票张数
//输出:m 张邮票贴出的最大值
   int k=0;
   while(y[k]<m+1) k++;
   return k-1;
}
int DFS(int i,int y[]){
   int ynew[MAXP],r,k;
   if(i>=n){
     r=GetR(y);  //得到贴出的最大数值
     if (r>rmax){
       rmax=r;
       for(k=0;k<n;k++)best[k]=x[k];
     }
   }
   else{
```

```
        r=GetR(y);
        for(k=x[i-1]+1;k<=r+1;k++){ //各种面额设计
            x[i]=k;
            UpdateY(i,y,ynew);   //更新得到 ynew
            DFS(i+1,ynew);
        }
    }
    return 1;
}
int stamp()
{
    int  i, y[MAXP];
    x[0]=1;
    for(i=0;i<MAXP;i++) y[i]=i;  //只有 1 这张面额,贴出 i 需要 i 张
    DFS(1,y);
    return 1;
}
int main()
{
    int i;
    stamp();
    printf("%d ",rmax);
    for(i=0;i<n;i++) printf("%d ",best[i]);
}
```

6.2 图的搜索

很多实际问题可以建模成一个图,需要在图中搜索某一个特定的顶点。在图中也可以采用深度优先算法来搜索目标顶点。假定 s 是源顶点,t 是目标顶点,可以采用递归方法,即通过 s 的所有邻居点搜索 t。如图 6.3 所示,从 s 搜索 t 的问题,可以通过 a、b、c 三个邻点搜索 t 来解决。

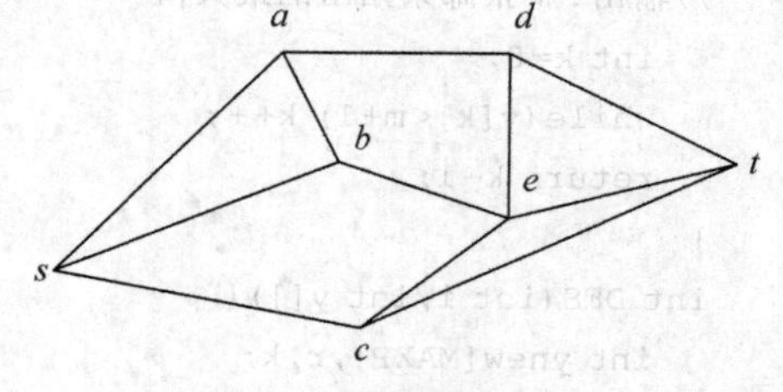

图 6.3 图的搜索

图的深度优先搜索也不需要事先建立完整的图,而是边搜索边扩展局部图。注意到图中可能存在环路,深度优先方法通过相邻点的递归,会回到以前扩展过的节点,造成重复搜索。如图 6.3 中,s 点通过 a-d-e-c 后最后又回到 s。为了避免重复搜索,使用一个数组 B 来记录已经扩展的顶点。在对节点 u 进行递归时,如果 u 已经在 B 中,则放弃对该顶点的递归搜索。

而且,问题求解并不是要得到目标节点 t,而是需要记录如何到达 t 的路径,因此另外应用一个数组 x 来记录该路径。在子集树和排列树中用经过的**决策边的值向量**来记

录路径，但在本节，使用经过的**节点序列**来记录路径。因为递归程序的原因，算法 6.10 中 x 记录的节点序列，是按 t 到 s 的顺序，也就是先扩展的节点，是最后进入路径数组 x 的。

B 和 x 的实现可以用静态或者动态数组，各有其优越性。

算法 6.10

```
int DFS(s) {
   if (!(constrains(s)&& bound(s)) return 0; //s可能是一个被剪枝的节点
   if (s in B) return 0;  //重复访问
   B.append(s);
   if (s==t){     //s是目标点
     x.apped(s);  //s存入x
     return 1;
   }
   else {          //s不是目标点
     for (s的每个邻点u)
          if (DFS(u)==1) { //邻点u到达了t
               x.append(s);  //s存入x,注意在x中s会排在u后面
               return 1;
          }
     return 0;
   }
}
```

6.2.1　狼羊过河问题

问题描述：3 只狼和 3 只羊要过河，河边有一条船，最多装载两只动物，狼和羊都会驾船。在河的任一岸边如果狼要比羊多，那么狼就要吃羊。请问怎么样安排运输方式，使得 3 只狼和羊都能到河对岸。

问题分析：这是一个多步决策问题，一般可以用状态变迁图来描述。图的节点用一个 5 元组 $[x_0, y_0, x_1, y_1, left]$ 表示：

x_0：左岸狼数目；

y_0：左岸羊数目；

x_1：右岸狼数目；

y_1：右岸羊数目；

$left$：船所在岸，1 表示左岸，0 表示右岸。

例如，初始节点为 $s=[3,3,0,0,1]$，狼和羊都到达右岸的中止节点为 $t=[0,0,3,3,0]$，本问题即是要找一条从 s 到 t 的路径。

深度优先算法并不需要事先构建完整的图，但是需要知道节点的邻接关系。如果一个节点表明船在左岸，则其邻居节点是船开到右岸，而运载到右岸的动物可能是 1 只狼、1 只羊、2 只狼、2 只羊或 1 只狼与 1 只羊共同过去，一共 5 种情况，因此任意一个在船左岸的节点可能有如图 6.4 所示的 5 个邻点。

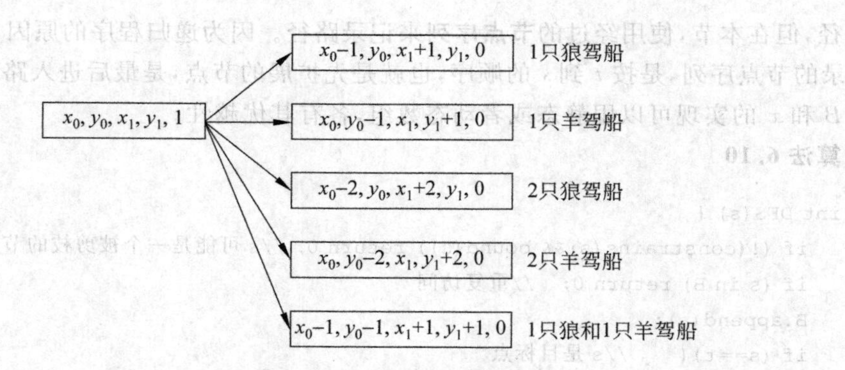

图 6.4　一个左岸节点的邻点

而同理一个在船右岸的节点，可能有如图 6.5 所示的 5 个邻点。

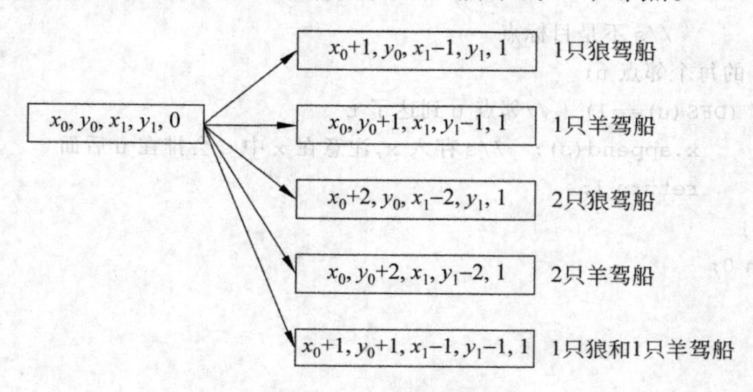

图 6.5　一个右岸节点的邻点

有了图 6.4 和 6.5 定义的邻接关系，则可以使用深度算法搜寻从起点到终点的路径。但是在进入一个邻居节点前，需要判断该邻居节点是否存在狼吃羊的情况，如果两岸发生狼的数目比羊多，则不是一个合法的路径。

算法 6.11 输出运载顺序为(3,3,0,0,0)，(1,3,2,0,1)，(2,3,1,0,0)，(0,3,3,0,1)，(1,3,2,0,0)，(1,1,2,2,1)，(2,2,1,1,0)，(2,0,1,3,1)，(3,0,0,3,0)，(1,0,2,3,1)，(2,0,1,3,0)，(0,0,3,3,1)经历了 12 步。

算法 6.11

```
#include <stdio.h>
#define MAX 100
class node {
public:
   int x0,y0,x1,y1,left;
   node(){};
   node(int X0,int Y0,int X1, int Y1, int Left) {
      x0=X0;y0=Y0;x1=X1;y1=Y1;left=Left;
   }
   bool inB();
```

```
    bool valid();
    bool operator==(node n2) { //相等重载
        return (x0==n2.x0&&x1==n2.x1&&y0==n2.y0&&y1==n2.y1&&left==n2.left);
    }
};
node B[MAX];
node x[MAX]; //访问路径
int Blen=0;  //B的长度
int xlen;  //x的长度
node t(0,0,3,3,0); //目标节点

bool node::inB(){ //判断是否在B中
    int k;
    for(k=0;k<Blen;k++)
        if(B[k]==*this)return 1;
    return 0;
}
bool node::valid(){ //判断是否是合法节点,准备剪枝
    int cond1,cond2,cond3;
    cond1=(x0<0||y0<0||x1<0||y1<0);    //数目为负
    cond2=(x0>y0&&y0>=1)||(x1>y1&&y1>=1); //狼吃羊
    cond3=inB(); //B中出现
    return (!(cond1 || cond2 || cond3));
}
int DFS(node u,int i){
    int j,k;
    node n1,n2,n3,n4,n5;
    if (!u.valid()) return 0;
    B[Blen++]=u;
    if (u==t)                          //到达目标点
    {
        x[i]=u;
        xlen=i+1;
        return 1;
    }
    else {
        if (u.left) {                   //船从左岸到右岸
            n1=node(u.x0-1,u.y0,u.x1+1,u.y1,0);
            n2=node(u.x0,u.y0-1,u.x1,u.y1+1,0);
            n3=node(u.x0-2, u.y0, u.x1+2,u.y1,0) ;
            n4=node(u.x0,u.y0-2, u.x1,u.y1+2,0) ;
            n5=node(u.x0-1,u.y0-1,u.x1+1,u.y1+1,0);
        }
        else {
```

```
            n1=node(u.x0+1,u.y0,u.x1-1,u.y1,1);
            n2=node(u.x0,u.y0+1,u.x1,u.y1-1,1);
            n3=node(u.x0+2, u.y0, u.x1-2,u.y1,1) ;
            n4=node(u.x0,u.y0+2, u.x1,u.y1-2,1) ;
            n5=node(u.x0+1,u.y0+1,u.x1-1,u.y1-1,1);
        }
        if(DFS(n1,i+1)||DFS(n2,i+1)||DFS(n3,i+1)||DFS(n4,i+1)||DFS(n5,i+1))
        {
            x[i]=u;                //填写x,此时[i+1]后面已经被填写
            return 1;
        }
        else
            return 0;
    }
}

int main()
{
    int i;
    node u(3,3,0,0,1);
    DFS(u,0);
    printf("%d ",xlen);
    for(i=0;i<xlen;i++)
        printf("\n%d %d %d %d %d",x[i].x0,x[i].y0,x[i].x1,x[i].y1, x[i].left);
}
```

6.2.2 分油问题

问题描述：今有一油桶，满满地装了10斤油。另有能装7斤和3斤的空油罐各一个。请你利用这三个器具把油分成两半。

问题分析：分油也是一个多步决策问题，可用状态变迁图建模。图的节点用三元组[10斤桶的油量a，7斤罐的油量b，3斤罐的油量c]表示，故初始节点是[10, 0, 0]，终止节点为[5,5,0]。为了使用深度优先算法，需要建立节点之间的邻接关系。

由于分油的容器没有刻度，所以只能用某个容器满，或者某个容器空作为操作标准，例如第一步，可以将油桶的油倒入7斤的油罐，只能是油罐装满才能停止，否则无法知道倒入的油的重量。节点[a,b,c]可能有的操作为：

(1) a向b倒油，因为$c \leqslant 3$，故$a+b \geqslant 7$，必须装满b，到达节点[$a+b-7$, 7, c]。

(2) b向a倒油，因为$a+b \leqslant 10$，故必须倒空b，到达节点[$a+b$, 0, c]。

(3) a向c倒油，因为$b \leqslant 7$，故$a+c \geqslant 3$故必须装满c，到达节点[$a+c-3$,b,3]。

(4) c向a倒油 因为$a+c \leqslant 10$，故必须倒空c，到达节点[$a+c$, b,0]。

(5) b向c倒油，如果$b+c<3$，则到达节点[a, 0, $b+c$]，否则到达节点[a, $b+c-3$, 3]。

(6) c 向 b 倒油，如果 $b+c<7$，则达到节点$[a, b+c, 0]$，否则到达节点$[a, 7, b+c-7]$。

算法 6.12 输出的倒油顺序为(10,0,0)，(3,7,0)，(0,7,3)，(7,0,3)，(7,3,0)，(4,3,3)，(4,6,0)，(1,6,3)，(1,7,2)，(8,0,2)，(8,2,0)，(5,2,3)，(5,5,0)，经历了13步。

算法 6.12

```
#include <stdio.h>
#define MAX 100
class node {
public:
   int a,b,c;
   node(){};
   node(int a1, int b1,int c1){
      a=a1;b=b1;c=c1;
   }
   bool inB();
   bool valid();
   bool operator==(node n2) {    //相等重载
         return (a==n2.a &&  b==n2.b &&  c==n2.c);
   }
};
node B[MAX];
node x[MAX]; //访问路径
int Blen=0;  //B的长度
int xlen;  //x的长度
node t(5,5,0); //目标节点

bool node::inB(){ //判断是否在B中
    int k;
    for(k=0;k<Blen;k++)
      if(B[k]==*this)return 1;
    return 0;
}
bool node::valid()  //判断是否是合法节点,准备剪枝
{
    int cond1,cond2;
    cond1=(a<0||b<0||c<0||a>10||b>7||c>3);  //油量限制
    cond2=inB(); //B中出现
    return (!(cond1 || cond2 ));
}
int DFS(node u,int i){
   int j,k;
   node n1,n2,n3,n4,n5,n6,n7,n8;
```

```
    if (!u.valid()) return 0;
    B[Blen++]=u;
    if (u==t)                    //到达目标点
    {
        x[i]=u;
        xlen=i+1;
        return 1;
    }
    else {
        n1=node(u.a+u.b-7,7,u.c);
        n2=node(u.a+u.b, 0, u.c);
        n3=node(u.a+u.c-3,u.b,3);
        n4=node(u.a+u.c, u.b,0);
        n5=node(u.a, 0, u.b+u.c) ;
        n6=node(u.a, u.b+u.c-3, 3);
        n7=node(u.a, u.b+u.c, 0);
        n8=node(u.a, 7, u.b+u.c-7);
     if(DFS(n1,i+1)||DFS(n2,i+1)||DFS(n3,i+1)||DFS(n4,i+1)
       ||DFS(n5,i+1)||DFS(n6,i+1)||DFS(n7,i+1)||DFS(n8,i+1)){
       x[i]=u;               //填写 x,此时[i+1]后面已经被填写
       return 1;
      }
      else
          return 0;
     }
}

int main()
{
   int i;
   node u(10,0,0);
   DFS(u,0);
   printf("%d ",xlen);
   for(i=0;i<xlen;i++)
      printf("\n%d %d %d",x[i].a,x[i].b,x[i].c);
}
```

6.3 本章习题

习题 6.1 Marienbad 游戏：有 n 个火柴棍，两个游戏玩家 a 和 b 轮流取，规则是第一次取的人最少取 1 根，最多取 $n-1$ 根，随后每人最多只能取对方上一次取的数目的 2 倍，最少取 1 根。谁取到最后一根为胜者。试设计算法，获得游戏的策略。

习题 6.2 设计一个 DFS 搜索算法，获得一个无向图的几个连通部分。

习题 6.3 设计一个 DFS 算法获得无向图的生成树。

习题 6.4 一个图是平面图，如果画在纸上边不交叉。设计 DFS 算法判断一个图是否是平面图。

习题 6.5 连通图的一个点是关节点，如果删去这个点及其边之后，连通图分成多个不连通的图。设计算法搜索图中的关节点。

习题 6.6 一个有向图的沉没点 a，是所有的顶点都有到 a 的出边。设计一个算法搜索图的沉没点。

习题 6.7 迷宫问题：用一个 0-1 位图 M 表示地图，$M(i,j)=1$ 表示有障碍物，$M(i,j)=0$ 表示是可通过点，设计一个算法搜索从(0,0)到$(n-1,n-1)$的路径。

习题 6.8 tictactoe 游戏：在一个 3×3 的方格中，游戏玩家 a、b 轮流在方格中布棋子，谁的棋子首先连成一条线（横、竖、对角线）为赢家。设计一个算法帮助玩家确定下棋的点。

第7章 宽度优先搜索

如果解空间的每个元素定义在一个图或者树中，第6章介绍了深度优先搜索方法，本章介绍宽度优先搜索，也称为**分支定界法**。以树为例，宽度优先指在访问树中某个节点后，优先访问该节点的兄弟节点，如图7.1所示。所谓分支，指在准备访问某个节点时，可以根据约束条件确定不访问该节点，从而该节点的后续节点(子树)也不会访问。而定界则是根据界函数，确定某节点不会到达目标节点，从而也不访问该节点及其后续节点。这实际上是两种剪枝的技术，与深度优先搜索中所应用的技术是相同的。

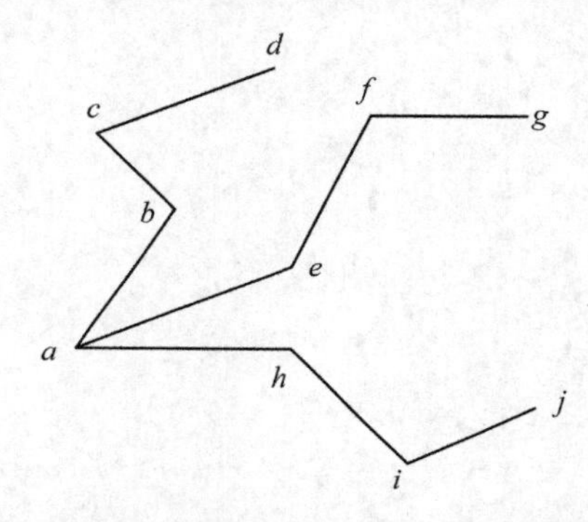

图7.1　深度优先遍历与宽度优先遍历。深度优先遍历顺序为 d、c、b、g、f、e、j、i、h、a，而宽度优先遍历为 a、b、e、h、c、f、i、d、g、j

7.1　宽度优先搜索一般形式

7.1.1　基本算法

深度优先算法是一边扩展局部图一边搜索，使用的是递归函数，而递归程序语言会使用一个栈来实现递归(参见2.3节)。栈是后进先出的数据结构，因此在深度优先算法6.10中，先扩展的节点实际上是后进入解路径的。

宽度优先搜索也是一边扩展局部图一边搜索，算法将搜索过程分为访问和扩展两个步骤，需要用到一个队列 Q，从 Q 的头部取一个节点 u 进行访问，并扩展出 u 的所有邻居节点加入 Q。如果队列 Q 是普通的先进后出数据结构，则访问的顺序和扩展的顺序是一致的。如图7.1中，初始时访问 a，其扩展的局部图包括3个邻居节点 b、e、h 依次进入 Q，因而随后的访问次序是 b、e、h，跟在 h 后面的是节点 b 扩展的邻节点 c。最后各节点的扩展顺序以及访问顺序都是 a、b、e、h、c、f、i、d、g、j。

在宽度优先搜索中，同样要避免一个节点的重复扩展和访问。可引入一个节点数组 B 来储存访问过的节点，当一个节点在 B 中出现过时，它不应再次进入队列 Q。

关于图的宽度优先搜索算法的一般形式如下。

算法 7.1

```
priority_queue Q;
queue B;
BFS(){    //宽度优先
   建立搜索起点 u;
   Q.push(u);
   B.push(u);
   while (!Q.empty()){
      a=Q.top();      //取出 Q 中头节点访问
      Q.pop();
      if (a ==t)            //t 是目标节点
         输出 a;
      else
         for (a 的每个邻点 b)
            if( (b not in B) && constraints(b) && bound(b)) {
               Q.push(b);
               B.push(b);
            }
   }
}
```

上述算法中，contraints()和 bound()是约束函数和定界函数，用于剪枝。

7.1.2 算法性能

如果宽度优先搜索的图是树结构，或者是一个无环有向图，则不存在局部图重复扩展的问题，因此算法 7.1 中的 B 队列及其使用可以省去，从而降低算法的空间复杂性。但即使如此，宽度优先算法的空间复杂性还是很高，以子集树为例，假设剪枝条件都不满足，当算法 7.1 访问第一个叶子节点时，Q 队列中应已经扩展了所有的叶子节点，共有 2^n 个。如果 n 较大，这个空间复杂性是难以接受的。而相应的深度优先算法 6.2，只记录一个全局的包含 n 条边的路径，递归深度也最高为 n，因此空间复杂性是 $\Theta(n)$。

从时间上看，如果事先估计一个目标节点离起点节点较近，则可能宽度优先算法能较快找到这个目标节点。

如果队列 Q 是一个优先队列，即定义了一个优先函数 f，队列 Q 中的元素 x 根据 $f(x)$ 排序，每次从 Q 中取出的 $f(x)$ 最大的元素，则节点访问顺序与扩展顺序不一致。在问题只需要搜索图中某一个解节点时，可能在优先函数的引导下，在解路径上的节点被优先访问和扩展，问题得到更快地求解。即使问题需要搜索所有的解节点，应用优先队列也可能更具有优势，因为可能最先到达的解节点有一个很好的界，利于在后续搜索中剪枝。实际上普通的先进先出的队列,可以视为优先队列的一个特例,它将优先函数 f 定义为节点进入队列的时间,进入时间越早的节点优先访问。

7.1.3 算法设计要素

宽度优先算法设计中需要解决的几个关键问题:

(1) 节点的定义。节点可定义为一个对象或者结构体,唯一地标明节点属性。

(2) 设计优先函数,提高搜索性能。

(3) 设计高效的剪枝条件,提高搜索性能。

7.2 树的分支定界法

7.2.1 0-1 背包问题

0-1 背包问题的描述和分析以及深度优先算法参见 6.1.1 节和 6.1.3 节。本节还是应用子集树建模,使用宽度优先的算法配合优先队列的应用来进行搜索。

算法中扩展的各节点不再位于同一条路径上,因此表示一个节点 a,需要单独记录从根节点到 a 的路径,同时以 *vsum* 记录其价值和,以 *wsum* 记录其重量和。

在优先队列中,定义节点的优先值为其价值上界 *ub*。$(x_1, x_2, \cdots, x_i)$ 确定后,节点 a 的上界 *ub* 是在后续 $n-i$ 个物体按贪心算法原则装载得到。

如果已计算出的最优解的是 *bestnode*,则在 *ub*>*bestnode.vsum* 时,节点 i 可以扩展。

算法 7.2

```
#include <iostream>
#include <queue>
#include<algorithm>
using namespace std;
typedef struct obj{
  int id;
  int w;
  int v;
};
bool cmp (const obj a, const obj b)
{
    return 1.0 * a.v/a.w >1.0 * b.v/b.w;
}
#define MAX 100
int n=5;    //物体数目
int C=10;   //最大容量
obj objt[MAX]={{1,2,6},{2,2,3},{3,6,5},{4,5,4},{5,4,6}};

typedef struct node{
  int i;
```

```
    int x[MAX];
    int wsum;
    int vsum;
    double ub;
    int getub(){  //优先级为节点上界
        int k,Cleft;
        ub=vsum;
        Cleft=C-wsum;
        for(k=i+1;k<n;k++) {
            if(Cleft>objt[k].w){
                ub +=objt[k].v;
                Cleft -=objt[k].w;
            }
            else{
                ub +=1.0*Cleft*objt[k].v/objt[k].w;
                break;
            }
       }
       return 1;
    }
    friend bool operator< (node n1, node n2)
   {
       return n1.ub <n2.ub;
    }
};
priority_queue<node>Q;
node bestnode;
int BFS_Knapsack(){    //宽度优先
    node a;
    int vsum,wsum,Cleft;;
    int i,k;
    sort(objt,objt+n,cmp);
    //先用贪心方法计算一个 bestnode
    bestnode.wsum=0;
    bestnode.vsum=0;
    Cleft=C;
    for(k=0;k<n;k++)
            if(Cleft>objt[k].w){
                bestnode.vsum+=objt[k].v;
                bestnode.wsum+=objt[k].w;
                Cleft -=objt[k].w;
                bestnode.x[k]=1;
            }
            else break;
```

```
    bestnode.ub=bestnode.vsum;

    a.i=-1;
    a.vsum=0;
    a.wsum=0;
    a.ub=0;
    Q.push(a);
    while (!Q.empty()){
      a=Q.top();
      Q.pop();
      i=a.i;
      if(i==n){   //孩子是叶子节点
          if (bestnode.vsum<a.vsum)
              bestnode=a;
      }
      else {
          i++;

          a.i=i;
          a.x[i]=0;
          a.getub();
          if (bestnode.vsum<a.ub)
              Q.push(a);

          if(a.wsum+objt[i].w<=C){
              a.i=i;
              a.x[i]=1;
              a.wsum +=objt[i].w;
              a.vsum +=objt[i].v;
              a.getub();
              if (bestnode.vsum<a.ub)
                  Q.push(a);
          }
      }
    }
    return 1;
}

int main(int argc, char* argv[])
{
    int i;
   BFS_Knapsack();
   cout <<bestnode.vsum;
   for(i=0;i<n;i++) if (bestnode.x[i]) cout<<objt[i].id;
```

```
    return 0;
}
```

7.2.2 旅行推销员问题

旅行推销员问题的描述和分析以及深度优先算法参见6.1.1节和6.1.5节，本节还是使用排列树建模。算法中一个节点 a，需要记录一个排列 x，其中排列的前 i 个城市是已访问城市。

一个节点 a 访问了 i 个城市，无论后续城市如何排列，x_i 和 x_{i+1} 的距离不小于 x_i 的最小出边，因此 a 的下界 lb 定义为前 i 个城市已走路程 r 加上 $x_i, x_{i+1}, \cdots, x_n$ 每个城市的最短出边和，定义 a 的优先值为 INFINITE$-lb$。

如果当前计算的最优路程是 *bestnode. journal*，则当 $lb <$ *bestnode. journal* 时，可扩展。

算法 7.3

```
#include <iostream>
#include <queue>
using namespace std;
#define MAX 100
#define INFINITE 0x3fffffff
int x[MAX];   //解,须初始化为一个排列
int n=4;   //顶点个数
int cost[MAX][MAX]={   //权值矩阵,输入
    {INFINITE,30,6,4},
    {30,INFINITE,5,10},
    {6,5,INFINITE,20},
    {40,10,20,INFINITE}};
int minr=INFINITE;   //最优路径长度
int best[MAX];         //最优路径
int minout[MAX];

typedef struct node{
   int i;
   int x[MAX];
   int r;  //到目前节点已走过路程
   int journey; //出发返回全路程
   int lb;  //节点下界
   int getlb(){
      int k,sum;
      if(i<0) return 0;
      sum=r;
      for(k=i;k<n;k++) sum +=minout[k];
      lb=sum;
```

```
            return 1;
        }
        friend bool operator< (node n1, node n2)
        {
            return n1.lb>n2.lb;  //下界越大,优先级越小
        }
    };
    priority_queue<node>Q;
    node bestnode;

    int BFS_TSP(){   //宽度优先
        node a;
        int i,k,t,rold;

        for(i=0;i<n;i++)
        {  minout[i]=cost[i][0];
           for(k=0;k<n;k++)
               if(minout[i]>cost[i][k]) minout[i]=cost[i][k];
        }
        for(k=0;k<n;k++) bestnode.x[k]=k;  //初始化 bestnode
        bestnode.journey=0;
        for(k=1;k<=n-1;k++)
             bestnode.journey+=cost[bestnode.x[k-1]][bestnode.x[k]];
        bestnode.journey +=cost[bestnode.x[n-1]][bestnode.x[0]];
        bestnode.lb=bestnode.journey;

        a.i=0;  //根节点
        for(k=0;k<n;k++) a.x[k]=k;
        a.r=0;
        a.journey=0;
        a.lb=0;
        Q.push(a);
        while (!Q.empty()){
          a=Q.top();
          Q.pop();      //取出 Q 中优先节点访问
          i=a.i;
          if(i==n-1){   //叶子节点
              a.journey=a.r+cost[a.x[n-1]][a.x[0]];
              if(bestnode.journey>a.journey)
                   bestnode=a;
          }
          else{
              i++;
              rold=a.r;
```

```
            a.i=i;
            for (k=i;k<n;k++) {
            t=a.x[i];a.x[i]=a.x[k];a.x[k]=t;  //swap(i,k);
              a.r +=cost[a.x[i-1]][a.x[i]];
              a.getlb();
              if(bestnode.journey>a.lb)
                  Q.push(a);
               a.r=rold;
              t=a.x[i];a.x[i]=a.x[k];a.x[k]=t;  //swap(i,k);
            }
        }
    }
    return 1;
}

int main(int argc, char* argv[])
{
     int i;
    BFS_TSP();
    cout <<bestnode.journey;
    for(i=0;i<n;i++) cout<<bestnode.x[i];
    return 0;
}
```

7.3 图的分支定界法

7.3.1 狼羊过河问题

问题描述和分析以及深度优先算法参见6.2.1节。本节使用宽度优先的算法，找到更少的步骤完成过河。

在本问题宽度搜索中，为避免重复扩展和访问，需要使用算法7.1中设计的数组 B 存储访问过的节点。节点还是用5元组 $[x_0, y_0, x_1, y_1, left]$ 表示。问题求解需要提供从初始访问节点到目标节点的一条路径，而这个路径不宜记录在节点中。因为每个访问的节点都存储在 B 中，因此每个节点设计一个 pre 指针，当一个节点 a 存在 $B[k]$ 单元时，在扩展出节点 w 时，令 $w.pre=k$，这样就能构成一条从目标节点 t 到起始节点 s 的链。

节点优先级定义为常数，即使用先进先出队列 Q。

算法 7.4

```
#include <iostream>
#include <queue>
using namespace std;
#define MAX 100
```

```
class node {
public:
   int x0,y0,x1,y1,left;
   int me,pre;  //me记录本节点在B中何处,pre记录本节点由B中谁扩展
   int priority;
   node(){};
   node(int X0, int Y0,int X1, int Y1, int Left){
       x0=X0;y0=Y0;x1=X1;y1=Y1;left=Left;
       pre=-1;
       me=-1;
       priority=1;
   }
    int enterB(); //节点进入B
    bool inB();   //判断节点是否在B中
    int enterBandQ(node father);  //扩展节点进入B和Q,father是父节点
    node& operator=(node& n2){   //赋值重载
       x0=n2.x0;
       x1=n2.x1;
       y0=n2.y0;
       y1=n2.y1;
       left=n2.left;
       pre=n2.pre;
       me=n2.me;
       priority=n2.priority;
       return *this;
   }
   bool operator==(node n2)  //相等重载
   {
       return (x0==n2.x0 &&
       x1==n2.x1 &&
       y0==n2.y0 &&
       y1==n2.y1 &&
       left==n2.left );
   }
   friend bool operator<(node n1, node n2)  //优先队列用
   {
     return n1.priority<n2.priority;
   }
};

node B[MAX]; //访问过的节点缓存
int Blen=0;  //B的长度
priority_queue<node>Q; //宽度优先用的队列
node t(0,0,3,3,0); //目标节点
```

```
int node::enterB(){
    me=Blen;
    B[Blen++]= * this;
    return 1;
}
bool node::inB(){
    int k;
    for(k=0;k<Blen;k++)
      if(B[k]== * this)return 1;
    return 0;
}
int node:: enterBandQ(node father){
    int cond1,cond2,cond3;
    cond1= (x0<0||y0<0||x1<0||y1<0);    //数目为负
    cond2= (x0>y0&&y0>=1)||(x1>y1&&y1>=1); //狼吃羊
    cond3=inB(); //B中出现
    if(!(cond1 || cond2 || cond3)){   //剪枝
        pre=father.me;
        enterB();
        Q.push(* this);
    }
    return 1;
}
node BFS_wolf(){
   node a(3,3,0,0,1);
   a.enterB();
   Q.push(a);
   while (!Q.empty()){
     a=Q.top();
     Q.pop();     //取出Q中f(x)最小的节点x访问
     if (a==t)                     //到达目标点
        return a;
     else if (a.left) {                   //船从左岸到右岸
          node n1(a.x0-1,a.y0,a.x1+1,a.y1,0);
          n1.enterBandQ(a);
          node n2(a.x0,a.y0-1,a.x1,a.y1+1,0);
          n2.enterBandQ(a);
          node n3(a.x0-2, a.y0, a.x1+2,a.y1,0) ;
          n3.enterBandQ(a);
          node n4(a.x0,a.y0-2, a.x1,a.y1+2,0) ;
          n4.enterBandQ(a);
          node n5(a.x0-1,a.y0-1,a.x1+1,a.y1+1,0);
          n5.enterBandQ(a);
```

```
        }
        else {                                  //船从右岸到左岸
            node n1(a.x0+1,a.y0,a.x1-1,a.y1,1);
            n1.enterBandQ(a);
            node n2(a.x0,a.y0+1,a.x1,a.y1-1,1);
            n2.enterBandQ(a);
            node n3(a.x0+2, a.y0, a.x1-2,a.y1,1) ;
            n3.enterBandQ(a);
            node n4(a.x0,a.y0+2, a.x1,a.y1-2,1) ;
            n4.enterBandQ(a);
            node n5(a.x0+1,a.y0+1,a.x1-1,a.y1-1,1);
            n5.enterBandQ(a);
        }
    }
}
int main()
{
    int i,k;
    node a=BFS_wolf();
    while(a.pre>=0){
        cout<<a.x0<<' '<<a.y0<<' '<<a.x1<<' '<<a.y1<<' '<<a.left<<'\n';
        a=B[a.pre];
    }
    cout<<a.x0<<' '<<a.y0<<' '<<a.x1<<' '<<a.y1<<' '<<a.left<<'\n';
}
```

7.3.2 分油问题

问题的描述和分析见 6.2.2 节，宽度优先算法结构基本与狼羊过河问题相似。使用 *B* 数组存储访问过的节点，节点定义中包括三个油罐的油量 *a*、*b*、*c*，以及一个链指针 *pre* 指向父节点在 *B* 中的位置。

节点优先级定义为常数，即使用先进先出队列 *Q*。

算法用输出了达到目标节点的 10 步操作，依次是：(10,0,0)，(3,7,0)，(3,4,0)，(6,4,0)，(6,1,3)，(9,1,0)，(9,0,1)，(2,7,1)，(2,5,3)，(5,5,0)。

算法 7.5

```
#include <iostream>
#include <queue>
using namespace std;
#define MAX 100

class node {
public:
    int a,b,c;
```

```
    int me,pre;  //me 记录本节点在 B 中何处,pre 记录本节点由 B 中谁扩展
    int priority;
    node(){};
    node(int A, int B,int C){
        a=A;b=B;c=C;
        pre=-1;
        me=-1;
        priority=1;
    }
     int enterB(); //节点进入 B
     bool inB();   //判断节点是否在 B 中
     int enterBandQ(node father);  //扩展节点进入 B 和 Q,father 是父节点
     node& operator=(node& n2){   //赋值重载
         a=n2.a;
         b=n2.b;
         c=n2.c;
         pre=n2.pre;
         me=n2.me;
         priority=n2.priority;
         return * this;
    }
    bool operator==(node n2)  //相等重载
    {
         return (a==n2.a && b==n2.b && c==n2.c );
    }
    friend bool operator<(node n1, node n2)  //优先队列用
    {
        return n1.priority<n2.priority;
    }
};

node B[MAX]; //访问过的节点缓存
int Blen=0;  //B 的长度
priority_queue<node>Q; //宽度优先用的队列
node t(5,5,0); //目标节点

int node::enterB(){
    me=Blen;
    B[Blen++]= * this;
    return 1;
}

bool node::inB(){
    int k;
```

```
    for(k=0;k<Blen;k++)
        if(B[k]== * this)return 1;
    return 0;
}

int node:: enterBandQ(node father){
    int cond1,cond2;
    cond1=(a<0||b<0||c<0||a>10||b>7||c>3);      //油量限制
    cond2=inB(); //B 中出现
    if(!(cond1 || cond2)){   //剪枝
        pre=father.me;
        enterB();
        Q.push(* this);
    }
    return 1;
}

node BFS_oil(){
   node u(10,0,0);
   u.enterB();
   Q.push(u);
   while (!Q.empty()){
     u=Q.top();
     Q.pop();
     if (u==t)                         //到达目标点
         return u;
     else {
         node n1(u.a+u.b-7,7,u.c);
         n1.enterBandQ(u);
         node n2(u.a+u.b, 0, u.c);
         n2.enterBandQ(u);
         node n3(u.a+u.c-3,u.b,3);
         n3.enterBandQ(u);
         node n4(u.a+u.c, u.b,0);
         n4.enterBandQ(u);
         node n5(u.a, 0, u.b+u.c) ;
         n5.enterBandQ(u);
         node n6(u.a, u.b+u.c-3, 3);
         n6.enterBandQ(u);
         node n7(u.a, u.b+u.c, 0);
         n7.enterBandQ(u);
         node n8(u.a, 7, u.b+u.c-7);
         n8.enterBandQ(u);
     }
```

```
    }
}

int main()
{   int i,k;

    node u=BFS_oil();
    while(u.pre>=0){
        cout<<u.a<<' '<<u.b<<' '<<u.c<<'\n';
        u=B[u.pre];
    }
    cout<<u.a<<' '<<u.b<<' '<<u.c<<'\n';
}
```

7.4 本章习题

习题 7.1 图 7.2 中的节点从 1 点开始，应用宽度优先搜索，兄弟节点间按标号从小到大顺序访问，列出各节点的搜索顺序。

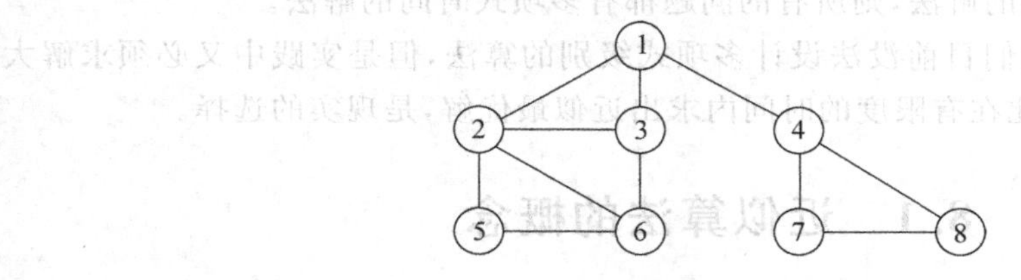

图 7.2 一个无向图

习题 7.2 实现 6.1.6 节最大团问题的 BFS 算法。

习题 7.3 实现 6.1.7 节中图着色问题的 BFS 算法。

习题 7.4 算计 BFS 算法对一个无向连通图用 BFS 进行遍历，输出一棵生成树。

习题 7.5 如果边 BFS 算法遍历生成树中，不包含(u, v)边，证明 u、v 不是在生成树中不是祖先关系。

习题 7.6 欧拉路径指在一个无向图中，一个路径遍历了所有的边。设计一个算法确定一个图是否存在欧拉路径。

第8章 近似算法

以0-1背包问题为例，第6章和第7章分别给出了回溯法和分支定界法，其算法时间复杂性为树的节点数目，$T(n)=O(2^n)$。而我们在第4章还给出了动态规划方法，时间复杂性为$O(nC)$，但是C也是问题的规模因子，如果$C=2^n$，则$T(n)=O(n.2^n)$。那么0-1背包问题存在时间复杂性是多项式级别的算法吗？

目前，这个问题在理论计算机科学界还没有肯定或否定的回答，没有找到多项式时间的算法，也不能证明多项式时间的算法就不存在。而且0-1背包问题并不独特，类似的问题还有TSP问题、最大团问题等一些优化问题。计算机科学界将这一类问题归为一类，称为NP完全问题。所有的NP完全问题，可以在多项式时间内进行互相转化，从而如果有一个问题有多项式时间的解法，则所有的问题都有多项式时间的解法。

对于NP完全问题我们目前没法设计多项式级别的算法，但是实践中又必须求解大规模的NP完全问题，因此在有限度的时间内求出近似最优解，是现实的选择。

8.1 近似算法的概念

本节讨论的近似算法须具有以下特点：

(1) 所处理的问题是最优化问题。

(2) 算法的计算时间复杂性是多项式级别的。

(3) 算法保证计算结果跟最优解之间的误差在某个明确的限度内。

特点(3)表明近似算法的误差是可控的。5.4.1节曾经提出针对0-1背包问题的贪心算法，以单位重量价值由大到小作为贪心选择的标准，它可以输出一个装载方案，但不能保证得到最优解。但由于它的近似程度也无法保证，所以该贪心算法不是我们要讨论的近似算法。

ρ-近似算法：算法A是针对某个最优化问题的多项式时间算法，如果对问题的每个实例P，算法A输出的可行解x都能保证与P的最优解x'的近似程度在比例ρ之内。即如果P是求最小值，则满足$x\leqslant\rho x'$，$\rho>1$。如果P是求最大值，则$x\geqslant\rho x'$，$\rho<1$。

例如一个0-1背包问题的0.9近似算法A，如果某个0-1背包问题的最优价值v'是1000，则该算法输出的解应保证$v\geqslant900$。反过来，我们能通过近似算法的输出，也能大致估计最优解的范围。如果A在一个0-1背包问题实例的计算结果是900，我们也可以推测最优解在900～1000之间。

8.2 0-1 背包问题的 0.5-近似算法

8.2.1 贪心算法

5.4.1 节曾经提出针对 0-1 背包问题的贪心原则，按单位重量价值优先的方式依次选择物体装入背包。该节用一个反例验证该原则不能给出最优解。这里我们用算法 8.1 实现：

算法 8.1

```
#include<algorithm>
using namespace std;
typedef struct TObj{
   int id;
   int w;
   int v;
   double unitv;
};
bool cmp (const TObj a, const TObj b)
{
    return a.unitv >b.unitv;
}
int GreedyKnapsack( int n, int C, TObj B[], int A[]){
//输入：n 物体个数,C 背包容量,B 物体数组,A 装载记录
//输出：完成 A 的填写,返回最大价值
   int i,j,k,Cleft;
   int VSum;
   for(i=0;i<n;i++){
      A[i]=0;
      B[i].unitv=1.0*B[i].v/B[i].w;  //计算单位重量价值
   }
   sort(B,B+n,cmp);   //排序
   Cleft=C;
   VSum=0;
   for(i=0;i<n&&Cleft>0;i++)  //贪心装入
      if(Cleft>=B[i].w) {
         A[i]=1;
         Cleft-=B[i].w;
         VSum +=B[i].v;
      }
   return VSum;
}
```

算法 8.1 的时间复杂性由排序决定，为 $O(n\log n)$。

8.2.2 0.5-近似算法

贪心算法 8.1 也不能保证解的质量，因此不在本章提出的近似解范畴。我们在贪心算法 8.1 的基础上提出一个 0.5-近似算法。其基本思路是：我们另外给出一个简单的解——只装入价值最大的一个物体，在贪心算法 8.1 的输出解和这个简单解中选最优的一个。

算法 8.2

```
int ApproxKnapsack( int n, int C, TObj B[], int A[]){
//输入：n 物体个数,C 背包容量,B 物体数组,A 装载记录
//输出：完成 A 的填写,返回最大价值
    int i,vgreedy,vmax,p;
    vgreedy=GreedyKnapsack(n, C, B, A);   //先求贪心解
    p=0;
    for(i=0;i<n;i++)    //搜索简单解,即最大价值物体
        if(B[p].v<B[i].v) p=i;
    if (vgreedy<B[p].v) {   //在贪心解和简单解之间选优
        for(i=0;i<n;i++) A[i]=0;
        A[p]=1;
        return B[p].v;
    }
    else
        return vgreedy;
}
```

定理 8.1 算法 8.2 是一个 0.5-近似算法。

证明：用参数三元组 (n,C,B) 来记录一个问题，假设问题的最优价值是 v_{opt}，贪心算法 GreedyKnapsack 输出的最优价值是 v_{greedy}，并假设 GreedyKnapsack 在已经按照单位重量价值排序后，装载第 i 个物体时，首次发现剩余空间不够。

如果把背包空间 C 扩大成 C'，使得贪心方法 GreedyKnapsack 执行到物体 i 时，刚好能装入第 i 个物体，则贪心方法装入物体 i 后结束，并输出问题(n, C', B)的最优解 v'_{opt}，显然 $v'_{\mathrm{opt}}>v_{\mathrm{opt}}$，因为背包更大了。因为前 $i-1$ 个物体的装载情况是一样的，故 v'_{opt} 与 v_{greedy} 的差距不大于第 i 个物体的价值，即 $v'_{\mathrm{opt}}\leqslant v_{\mathrm{greedy}}+B[i].v$。如果第 p 个物体具有最大价值，则有

$$v_{\mathrm{opt}}<v'_{\mathrm{opt}}\leqslant v_{\mathrm{greedy}}+B[p]\cdot v\leqslant 2\max(v_{\mathrm{greedy}},B[p]\cdot v)$$

而近似算法 8.2 的输出就是 $\max(v_{\mathrm{greedy}},B[p]\cdot v)$，因此证明了算法 8.2 是一个 0.5-近似算法。算法 8.2 的时间复杂性为 $O(n\log n)$。

8.3 0-1 背包问题的(1-ε)-近似算法

8.3.1 一种动态规划算法

先介绍另外一种针对 0-1 背包问题的动态规划算法 8.3，它不同于 4.6 节中的算法

4.10。以四元组(n, C, w, v)记0-1背包问题：n个物体的重量向量和价值向量为w和v，背包总容量为C,定义二维词典D,其中$D[i][j]$记录前i个物体在总价值恰好为j时的最小背包,其中j最大为$\text{sum}(v)=\sum_{i=1}^{n}v[i]$。现考虑$D[i][j]$的递推关系：

(1) 如果$j<v_i$，则物体i不能装入,此时$D[i][j]=D[i-1][j]$。

(2) 如果$j\geqslant v_i$，则物体i如果不装,则$D[i][j]=D[i-1][j]$,而如果物体i装入,则$D[i][j]=D[i-1][j-v_i]+w_i$,故有$D[i][j]=\min(D[i-1][j], D[i-1][j-v_i]+w_i)$。

而递推的起点是$D[0][0]=0$，当$j>0$时,$D[0][j]=\text{INFINITE}$。最后满足$D[n][j]<C$的最大j为背包问题的最优价值。

算法 8.3

```
#define MAX 1000
#define MAXN 20
#define INFINITE 0x03ffffff
#define min(a,b) a<b? a:b
int D[MAXN][MAX];
int DPknapsack(int n, int C, int w[], int v[], int x[]){
//输入：n是物体个数,C是背包容量,w是重量数组,v是价值数组, x是装载解
//输出：x填写完成,返回最优价值
    int i,j,vtotal=0;
    int vopt;
    for(i=1;i<=n;i++) vtotal +=v[i];   //计算所有 v[i]的和
    D[0][0]=0;
    for(j=1;j<=vtotal;j++) D[0][j]=INFINITE;
    for (i=1;i<=n;i++)
        for (j=0;j<=vtotal;j++)
            if (j<v[i])
                D[i][j]=D[i-1][j];
            else
                D[i][j]=min(D[i-1][j], D[i-1][j-v[i]]+w[i]);
   //以上是词典填写,以下获取最优解和最优装载
   for(j=vtotal; j>=0; j--)
          if (D[n][j]<=C) break;   // D[n][j]小于 C 的最大 j
   vopt=j;
   i=n; j=vopt;
   while(i>0)
     if(D[i][j]==D[i-1][j]){
       x[i]=0;
       i--;
     }
     else {
       x[i]=1;
```

```
            j -=v[i];
            i--;
        }
    return vopt;
}
```

算法 8.3 的时间复杂性是 $O(n \cdot \text{sum}(v))$，由于 $\text{sum}(v)$是所有物体的价值和，它也是一个规模变量，所以算法 8.3 的时间复杂性也不是多项式的。

以下列出 $n=3$，$C=50$，$w=[10,20,30]$，$v=[3,5,6]$，上述动态规划算法填写的词典：

表 8.1 动态规划算法的词典

n \ v	0	1	2	3	4	5	6	7	8	9	10	11	12	13	14	15
0	0	F	F	F	F	F	F	F	F	F	F	F	F	F	F	F
1	0	F	F	10	F	F	F	F	F	F	F	F	F	F	F	F
2	0	F	F	10	F	20	F	F	30	F	F	F	F	F	F	F
3	0	F	F	10	F	20	30	F	30	40	F	50	F	F	60	F

从表 8.1 中得到，问题的最优价值是 $v=11$。

8.3.2 (1-ε)-近似算法

算法 8.3 的时间复杂性是 $O(n \cdot \text{sum}(v))$，如果能降低 $\text{sum}(v)$的值，则能减少计算时间。对于问题(n,C,w,v)，本节的近似算法原理是：先对所有的物体 i 做预处理 $u[i]=v[i]/\theta$，降低每个物体的价值，再应用算法 8.3 得到新问题(n,C,w,u)的最优装载数组 x'，然后根据 $v'_{\text{opt}}=\sum_{i=1}^{n} v[i] \cdot x'[i]$ 计算一个总价值 v'_{opt}，并将它作为(n,C,w,v)的解，就得到了一个 0-1 背包问题的近似算法。

假设 $v[i]$中最大值是 $v[p]$，我们确定 $\theta=\varepsilon.v[p]/n$，其中 ε 作为算法参数。这样的处理保证了

$$u[i]=v[i]/\theta=n.v[i]/(\varepsilon.v[p])<n/\varepsilon \tag{8.1}$$

算法 8.4

```
#define MAXN 20
int u[MAXN];
int ApproxKnapsack(int n, int C,int w[], int v[], int x[],double e){
//输入：n是物体个数,C是背包容量,w是重量数组,v是价值数组, x是装载解,e是近似参数
//输出：D填写完成,返回 1
    int i,j,U=0, p;
    int vopt;
    p=1;
    for(i=1;i<=n;i++)
```

```
        if (v[i]>v[p]) p=i;
    for(i=1;i<=n;i++) u[i]=v[i]/(e*v[p]/n);
    DPknapsack(n,C,w,u,x);
    vopt=0;
    for(i=1;i<=n;i++)
      if (x[i]==1) vopt +=v[i];
    return vopt;
}
```

算法 8.4 的时间复杂性由 DPknapsack(w,u,x,C,n)决定，$T(n)=O(n.\mathrm{sum}(u))$，根据式(8.1)，$\mathrm{sum}(u)<n.\ n/\varepsilon$，故 $T(n)=O(n^3/\varepsilon)$。因此在确定精度常数 ε 后，算法 8.4 的时间复杂性是多项式的。

定理 8.2 算法 8.4 是(1-ε)-近似算法。

证明：假设 0-1 数组 x 是原问题(n,C,w,v)的最优装载方式，最优解是 v_{opt}，而 0-1 数组 x'是问题(n,C,w,u)的最优装载方式，而算法 8.4 输出解是 v'_{opt}，则根据

$$
\begin{aligned}
v'_{opt} &= \sum_{i=1}^{n} v[i]x'[i] \\
&\geqslant \sum_{i=1}^{n} \theta u[i]x'[i] && (\text{根据式}(8.1)) \\
&\geqslant \sum_{i=1}^{n} \vartheta u[i]x[i] && (\text{根据 } x' \text{ 是}(n,C,w,u)\text{ 最优装载}) \\
&\geqslant \sum_{i=1}^{n} \vartheta(v[i]/\theta-1)x[i] && (\text{根据式}(8.1)\text{ 有 } u[i]\leqslant v[i]/\theta-1) \\
&= \sum_{i=1}^{n} (v[i]x[i]-\theta x[i]) \\
&\geqslant v_{opt}-\varepsilon v[p] && (\text{根据 } v_{opt} \text{ 和 } \theta \text{ 的定义}) \\
&\geqslant v_{opt}(1-\varepsilon) && (\text{根据 } v[p]<v_{opt})
\end{aligned}
$$

因而算法 8.4 是一个(1-ε)-近似算法。

对比算法的时间复杂性 $T(n)=O(n^3/\varepsilon)$，可以通过调节参数 ε 来调整算法的近似程度与计算时间，但是近似程度和计算时间是一对矛盾，好的近似程度需较长的计算时间，而较小的计算时间则导致差的近似程度。

8.4 旅行推销员问题的 2-近似算法

旅行推销员 TSP 问题中，考虑各城市及其航线构成一个无向的带权完全图 G，而且权值都为整数。我们已经知道 TSP 问题是一个 NP 完全问题，在本节中，对一类三角形 TSP 问题给出多项式时间的近似算法。

定义 8.1 一个 T 问题是三角形 TSP 问题，如果 TSP 问题中的任意三个城市 u,v,w 都满足三角形不等式

$$\text{cost}(u, v) + \text{cost}(v, w) \geqslant \text{cost}(u, w) \tag{8.2}$$

算法 8.5

(1) 对于一个 TSP 问题,求出图 G 的最小生成树 MST。

(2) 从 MST 树根开始,采用先序法遍历 MST,得到各城市的遍历顺序 L。

(3) 以 L 为推销员的各城市访问顺序,得到一个 TSP 问题的近似解。

图 8.1(a)是某 TSP 问题的城市分布,图 8.1(b)是最优旅行路径,图 8.1(c)是步骤(1)获得的最小生成树,图 8.1(d)是先序遍历得到的旅行路径(0,3,4,6,5,1,7,2),它是算法 8.5 输出的近似解。

在算法 8.5 中,如果使用 5.5 节介绍的 Prim 算法求 MST,需要时间 $O(n^2)$,先序遍历需要的时间是 $O(n)$,因此算法 8.5 的时间复杂性为 $T(n)=O(n^2)$。如果应用 Kruskal 算法,则时间复杂度为 $T(n)=O(n^2 \cdot \log n)$。

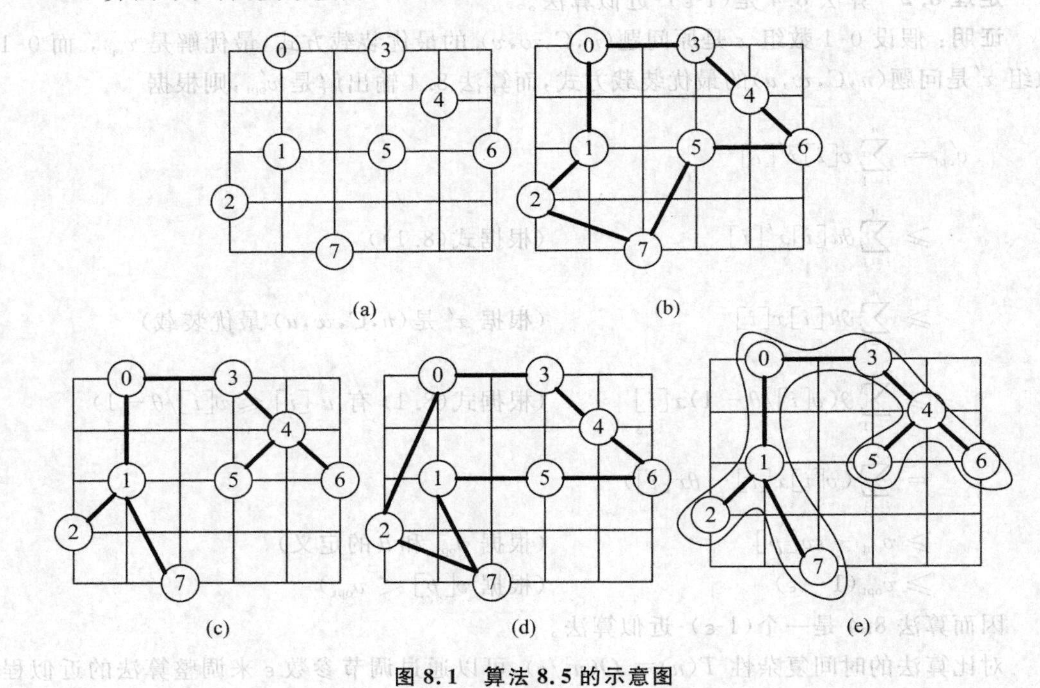

图 8.1 算法 8.5 的示意图

定理 8.3 对于三角形 TSP 问题,如果其最短环游路径为 r_{opt},算法 8.5 输出的最短路径为 r'_{opt},则满足 $r'_{\text{opt}} \leqslant 2\, r_{\text{opt}}$。

证明:根据图 8.1(c),从树根 0 开始,设想一条沿着 MST 的外沿环游的一条路径,得到图 8.1(e),根据图 8.1 中的子图标号,分别记最小路程为 $r(b)$,MST 的边长和为 $r(c)$,算法 8.5 的输出路程为 $r(d)$,以及图 8.1(e)中的环游总路程为 $r(e)$。

先比较图 8.1(c)和图 8.1(e),实际上每条 MST 的边环游了 2 次,故 $r(e)=2r(c)$。

再比较图 8.1(d)和图 8.1(e),图 8.1(d)中去掉了边(7,1),(1,2),增加一条(7,2)。根据三角形不等式有 cost(7,1)+cost(1,2) $\geqslant$ cost (7,2)。其他地方也是如此,图 8.1(d)中为避免访问重复节点,而用一些直连的边替代了图 8.1(e)间接到达的路径,根据三角形不等式,这些直连边更短,因此有 $r(d)<r(e)$。

最后,最短环游路径图 8.1(b)中去掉任意一条边,得到一个生成树,而图 8.1(c)是最小生成树,故有 $r(b)>r(c)$。

综合上述三个结论,最后有 $r(d)<r(e)=2r(c)<2r(b)$,而 $r(d)$ 就是 r'_{opt},$r(b)$ 就是 r_{opt},因此定理得证。

算法 8.6

```
#include <stdio.h>
#define MAX 100
typedef struct TEdge{          //边的定义
  int u;
  int v;
  double cost;
};
typedef struct TVertex{        //邻接表链节点
   int ID;
   int next;
};
TEdge B[28]={                  //图 8.1 中 8 个顶点之间所有的边
{0,1,2.00},{0,2,3.16},{0,3,2.00},{0,4,3.16},{0,5,2.83},{0,6,4.47},
   {0,7,4.12},
{1,2,1.41},{1,3,2.83},{1,4,3.16},{1,5,2.00},{1,6,4.00},{1,7,2.24},
{2,3,4.24},{2,4,4.47},{2,5,3.16},{2,6,5.10},{2,7,2.24},
{3,4,1.41},{3,5,2.00},{3,6,2.83},{3,7,4.12},
{4,5,1.41},{4,6,1.41},{4,7,3.61},
{5,6,2.00},{5,7,2.24},
{6,7,3.61}};

TEdge mst[28];                 //最小生成树的边
int TableHead[MAX];            //邻接表头表
TVertex AdjTable[2*MAX];       //邻接表链表
int visited[MAX];              //用于先序遍历
int Seq[MAX];                  //节点访问顺序
int nseq;                      //访问点个数

int FromEdgeToAdjTable(int n, TEdge E[], int TabHead[], TVertex AdjTab[]){
//输入:顶点数 n,边集合 E,邻接表头 TabHead,邻接表链节点区 AdjTab
//输出:通过 E 得到邻接表形式
   int i,u,v;
   for (i=0;i<n;i++)
      TabHead[i]=-1;}
   for (i=0;i<n-1;i++){  //一个边的两个顶点插入互相插入对方的邻接点链中
      AdjTab[2*i].ID=E[i].u;
      AdjTab[2*i].next=TabHead[E[i].v];
```

```
            TabHead[E[i].v]=2*i;
            AdjTab[2*i+1].ID=E[i].v;
            AdjTab[2*i+1].next=TabHead[E[i].u];
            TabHead[E[i].u]=2*i+1;
        }
        return 1;
    }

    int PreVisit(int id){   //先序访问
        int link;
        TVertex vert;
        visited[id]=1;
        Seq[nseq++]=id;
        link=TableHead[id];
        while(link !=-1)
        {
            vert=AdjTable[link];
            if (!visited[vert.ID]) PreVisit(vert.ID);
            link=vert.next;
        }
        return 1;
    }

    int main()
    {
        double v;
        int i,j,k;
        MST_Kruskal(8,28,B,mst);
        FromEdgeToAdjTable(8,mst,TableHead,AdjTable );
        PreVisit(0);
        for(i=0;i<8;i++)
            printf("%d ",Seq[i]);
        getchar();
    }
```

8.5 本章习题

习题 8.1 有一种对于 TSP 问题的贪心算法：从起点城市开始，每次选择最近的未访问城市访问。证明贪心算法的结果是最优解的任意倍。

习题 8.2 有时候旅行推销员多次访问一个城市，反而能有最短旅程访问所有城市，试举例。另外，证明如果城市间距离满足三角形不等式，则无须访问一个城市多次。

习题 8.3 设计三角形 TSP 问题的一个 1.5-近似算法(提示：找出最小生成树的奇

数度的节点及其最小权匹配，把匹配边补充一份，原生成树称为一个欧拉图，获得欧拉路径，去掉重复访问城市即得近似解）。

习题 8.4　子集和问题设计算法判断 n 个正整数的集合中是否存在一个子集，其和为 k。

习题 8.5　m 台相同的机器完成 n 个任务，已知每个任务需要的时长，设计算法将任务分配到机器上，用最短的时间完成所有任务。

第9章 随机算法

在第8章，我们提到有一些问题计算复杂性极高，但在实践中又必须在有限时间内计算出来，设计近似算法获取一定质量保证的近似解是一种方案。本章中，我们介绍随机算法，能在较短的时间内输出具有一定随机性的结果，而这种计算结果能对我们有所帮助。

可以以一个故事来解释：有一批价值 x 的财宝，可能在两个藏宝的地点，之间相距5天的路程，某人离这两个地点也都是5天的路程。每天这批财宝会损失价值 y。现有一个算法 A 能确定财宝的位置，但其计算时间是4天，另有一个算法 B，以扔硬币的方式先直接确定一个地点去搜索。那么应该选择哪一种算法？

如果选用算法 A，等算出结果再去寻宝，则最后获得财宝的数量是 $x-9y$；如果选用算法 B，则马上出发，可获得 $x-5y$ 或 $x-10y$ 的财宝，其概率分别是0.5，故财宝的期望值是 $x-7.5y$。因此选择算法 B 更好。

9.1 数值型随机算法

数值型随机算法输出是对准确数值的逼近。如果输入数据本身有误差，或者计算精确值在时间上不允许，可能会应用到数值型随机算法，通过多次随机采样，用样本值对需要的结果进行估计。

9.1.1 数值积分随机算法

根据连续型随机变量均值定义有

$$\overline{f(x)} = \int_a^b f(x)p(x)\mathrm{d}x$$

如果用样本均值替代均值，并令 x 的分布为均匀分布，即 $p(x)=1/(b-a)$ 则

$$\frac{(b-a)\sum_{i=1}^{n} f(x_i)}{n} \to \int_a^b f(x)\mathrm{d}x \tag{9.1}$$

因此，可以根据式(9.1)设计计算数值积分的随机算法。

算法9.1

```
#define uniform(a,b) a+1.0 * (b-a) * rand()/RAND_MAX
double RandInt( double a, double b,int n ) {
```

```
    int i;
    double x,sum=0;
    for (i=0;i<n;i++) {
       x=uniform(a,b);      //取 a,b 间均匀分布的随机变量
       sum +=f(x);
    }
     return sum* (b-a)/n;
}
```

当 n 很大时，算法 9.1 对定积分的估计满足正态分布，估计误差与$\sqrt{n}$成反比，故多确定一个数位，需要多花费 100 倍的计算时间。

如果算法 9.1 中的随机值 x 用确定的值替代，则得到常见的定积分的确定型数值积分算法。

算法 9.2

```
double DetInt( double a, double b,int n ) {
    int i;
    double x,sum=0;
    for (i=0;i<n;i++) {
       x=a+i* (b-a)/n;
       sum +=f(x);
    }
     return sum* (b-a)/n;
}
```

算法 9.2 的时间复杂性为 $O(n)$，而且算法的精度要好很多。

但是，如果将算法 9.1 和算法 9.2 都扩展到 k 维积分，则确定型的积分算法在需要每个维度上进行离散，时间复杂性扩大为 $O(n^k)$，而随机算法反而没有这个缺陷。因此，一般在进行 4 维及以上的积分计算时，多会选择随机积分算法。

9.1.2 随机计数器

计算机系统中，计数器是常见的单元，用于对事件的计数。一个计数器 c 应提供初始化操作 init(c)，加 1 操作 tick(c)，以及查询操作 count(c)。一个 n 个二进制位的计数器 c，能给出的最大计算次数是 2^n，超过了则无法计数。

我们希望用这个 n 位的计数器数出超过 2^n 的次数，例如，tick(c)只对偶数次数执行加 1 操作，则对于一个计数值 c，实际的计数次数是 $2c$。但是这在确定性算法中无法实现，因为确定性算法无法知道当前次数是奇数还是偶数，除非另外又使用一个计数器来记录当前的 tick 操作的奇偶性。仅根据 c 是不能判断的，因为如果上一次 c 是奇数，则不会加 1，这一次 c 依然是奇数。

如果可以容忍计数误差，则可以设计随机计数器，满足前述需求，如算法 9.3 所示。

算法 9.3

```
init(c){
```

```
    c=0;
  }
  tick(c){
    if (掷出硬币的正面) return;
    c=c+1;
  }
  count(c){
    return 2c-1;
  }
```

在算法 9.3 中，如果当前计数是 $2c-1$，则根据 tick 的实现，下一次计数的期望值满足$(2c-1)\times0.5+(2c+1)\times0.5=2c$，说明计数功能得到实现。不过算法 9.3 只是将计数范围扩大了 2 倍，计数器多设计一位也能达到。而算法 9.4 功能更强大。

算法 9.4

```
  init(c){
    c=0;
  }
  tick(c){
    for (i=0;i<c;i++)
      if (掷出硬币的正面) return;
    c=c+1;
  }
  count(c){
    return 2^c-1;
  }
```

根据 count(c)的实现，可以计数的最大次数达 2^c-1，如果 c 是 8 个二进制位，则可计数达 5×10^{76}。

如果通过 count(c) 当前的计数次数是 2^c-1，这时 tick 执行 1 次，根据 tick 的实现，加 1 的概率是 $p=2^{-c}$，保持 c 值的概率是 $1-p$，故 tick 后的计数次数期望值是

$$(2^{c+1}-1)2^{-c}+(2^c-1)(1-2^{-c})=2^c \tag{9.2}$$

式(9.2)说明 tick 确实实现了计数期望值加 1 的功能。

9.2 蒙特卡洛算法

本书中蒙特卡洛(monte carlo)算法用于判定问题，输出是随机的，但在多数情况下能输出正确判定，偶尔也发生判定错误。如果一个蒙特卡洛算法判定正确的概率至少是 p，则称为它是 p-正确的。

9.2.1 矩阵乘法验证

需要验证 $n\times n$ 的矩阵 A、B、C 是否满足 $AB=C$。

一种直接的验证方法是先计算出 AB，然后与 C 进行比较，但是用矩阵乘法的定义来计算 AB 需要的乘法次数是 $O(n^3)$。而设计蒙特卡洛算法可以达到 $O(n^2)$。

算法 9.5

```
#define coin(a,b) rand()<RAND_MAX/2 ? a:b
bool MatJudge(A, B,C, n){
    for (i=0;i<n;i++)
        x[i]=coin(0,1);  //抛硬币得到 0 或 1
    if ( (XA)B-XC ==0)
        return true;
    else
        return false
}
```

算法 9.5 的主要思路是先选取一个长度为 n 的 0-1 横向量 X，如果 $AB=C$，则应该满足 $XAB=XC$，而 XC 的乘法次数是 $O(n^2)$，XAB 的计算可用按 $(XA)B$ 来计算，其乘法次数也是 $O(n^2)$。

但是逻辑上 $XAB=XC$ 是 $AB=C$ 的必要而不充分条件，故算法 9.5 返回 false，则 $AB\neq C$ 的判断正确，而返回 true 时，却不能保证 $AB=C$。

例如，如果 $AB\neq C$，假设 AB 与 C 在第 i 行有不同元素，而如果刚好 $X[i]=0$，在 XAB 和 XC 值中，不同元素并不能体现出来，算法 9.5 就会发生错误判断。而 $X[i]=0$ 的概率是 0.5，这说明算法 9.5 是一个 p-正确的算法，$p=0.5$。

可以通过多运行几次算法 9.5 以提高算法的正确率。

算法 9.6

```
bool MatJudgeReapeat(A,B,C,n,k){
    for (i=0;i<k;i++)
        if (!MatJudge(A,B,C,n)) return false;
    return true;
}
```

算法 9.6 在返回 true 时，发生错误判断的概率是 0.5^k。当 $k=10$ 时，算法 9.6 是 99.9%-正确的，它的时间复杂性则是 $O(10n^2)$。

9.2.2 质数检测

加密应用中需要用到大质数，因此检测一个大的奇数是不是一个质数很重要。大数据的加减乘除等运算都需要单独实现（本书中略去），运算时间跟数位 $\log(n)$ 相关，如加减法的时间是 $O(\log(n))$，两个大数 $m\times n$ 的时间是 $O(\log(m)\log(n))$。

质数检测的随机算法基于费马小定理。

9.2.2.1 费马检测

定理 9.1（费马小定理） 如果 n 是质数，那么对任意 $1\leqslant a\leqslant n-1$，满足 $a^{n-1} \bmod n=1$。（mod 为求余）

例如，$n=7$ 是一个质数，$a=5$ 时，$a^{n-1}=5^6=2232\times7+1$，满足 $a^{n-1} \bmod n=1$。

根据费马小定理可以设计随机算法 9.7。

算法 9.7

```
#define uniform(a,b) a+(b-a) * rand()/RAND_MAX
int amod(int a,int n, int z){    //计算 a^n mod z
    int i,r,x;
    i=n;r=1;x=a%z;
    while (i>0){
      if(i%2==1) r=(r * x)%z;
      x=(x * x)%z;
      i=i/2;
    }
    return r;
}
bool PrimeFermat(int n){
   int a;
   a=uniform(1,n);  //1-n 间均匀随机数
   if(amod(a,n-1,n) !=1) return false;
   else return true;
}
```

在费马小定理中，$a^{n-1} \bmod n=1$ 是一个必要而不充分条件，因此当算法 9.7 返回 false，可以判断 n 是一个合数。但是当返回 true 时，n 却不一定是质数。有一些 a 值，满足 $a^{n-1} \bmod n=1$ 但 n 却是合数，例如最小的例子是 $4^{15-1} \bmod 15=1$，而 15 是合数。这样的 a 称为合数 n 的伪证。

好消息是，可以做伪证的情形极少，1000 以内有 332 个奇数合数，所有可能的 a 有 172878 个，里面的伪证数量只有 4490 个。而算法 9.7 产生错误判断的平均可能性小于 3.3%。

坏消息是某些特殊数据，它一个奇数合数具有较多的伪证。例如 $561=11\times51$ 有 318 个伪证，算法 9.7 将以超过 0.5 的概率判断 561 为质数。而 651793055693681 这个合数，被判为质数的概率为 99.9965%。更一般地，对任意小的 $\delta>0$，存在无穷多的合数，算法 9.7 能测出来的概率小于 δ。因此，也没有办法用类似算法 9.6 的形式，以重复运算的形式提高算法的正确率。

9.2.2.2 Miller-Rabin 检测

幸运的是，对费马检测的进行扩展能提高检测性能。对于一个奇数 $n>4$，令 $n=2^s t+1$，定义 n 的一个集合 $B(n)$：一个整数 a 属于 $B(n)$，当且仅当 $2\leqslant a\leqslant n-2$，并且 $a^t \bmod n=1$ 或者存在 $0\leqslant i<s$，满足 $a^{2^i t} \bmod n=n-1$。

例如，158 属于集合 $B(289)$，因为 $n=289=2^5\times9+1$，故 $s=5,t=9$，$a=158$ 满足 $2\leqslant a\leqslant n-2$，而 $158^9 \bmod 289\neq1$，继续测试$158^{2^i 9} \bmod 289$，发现 $i=3$ 时，$158^{2^i 9} \bmod 289=288$，满足了 $B(289)$ 的条件。

根据定义，判断一个整数 a 是否属于 $B(n)$ 的算法如下。

算法 9.8

```
bool InB(int a, int n){
   int i,s,t;
   int x;
   s=0; t=n-1;
   do {
      s=s+1; t=t/2;
   } while( t%2!=1);
   x=amod(a,t,n);
   if (x==1 || x==n-1) return true;
   for (i=0;i<s-1;i++) {
     x=(x*x)%n;
     if (x==n-1) return true;
   }
   return false;
}
```

当 n 是大数时，如几百个十进制位，关于 n 的加减乘除则需要重载实现。此时算法 9.8 中 for 循环需要做 $O(\log(n))$ 次，x^2 的计算时间是 $O(\log^2(n))$，故算法 9.8 需要的时间复杂性是 $O(\log^3(n))$。

定义了集合 $B(n)$ 之后，有下面的定理：

定理 9.2 对于一个大于 4 的奇数 n，

(1) 如果 n 是质数，则 $B(n)=\{a|\ 2\leqslant a\leqslant n-2\}$。

(2) 如果 n 是合数，则 $B(n)$ 的元素个数不大于 $(n-9)/4$。

根据定理 9.2，可选出一个 a，并通过判断 a 是否为 $B(n)$ 的元素来判断 n 是否为质数。对于奇数合数 n，$B(n)$ 成为伪证集合，但是根据定理 9.2(2)，伪证的个数比例是有限制的，作伪证的概率小于 25%。根据定理 9.2 的随机算法如下。

算法 9.9（Miller-Rabin 算法）

```
bool PrimeMillerRabin(n){
  a=uniform(2,n-2);    //2 到 n-2 间均匀随机数
  return inB(a,n);
}
```

算法 9.9 也是用必要条件进行质数检测，因此当算法返回 false 时，n 一定不是质数。但是当算法返回 true 时，根据定理 9.2(2)，有小于 0.25 的概率是合数。因此算法 9.9 是一个 0.75-正确的随机算法。可以用重复运行以提高性能。

算法 9.10

```
bool PrimeMillerRabinReapeat(n,k){
    for (i=0;i<k;i++)
        if ( !PrimeMillerRabin(n)) return false;
```

```
    return true;
}
```

则算法 9.9 犯错的概率是 0.25^k，算法时间复杂性是 $O(k\log^3(n))$。

9.3 Las Vegas 算法

有一些确定性的算法，最差时间复杂性比平均时间复杂性要差，例如固定选主元的快速排序算法的平均时间复杂性是 $O(n\log(n))$，但在数据原本有序的时候时间复杂性是 $O(n^2)$。随机选主元的快速排序算法就是一种 Las Vegas 算法，利用随机性消除了不同输入之间的差别，使得在所有的问题实例上，Las Vegas 算法达到平均时间复杂性。

存在两种 Las Vegas 算法，一种是保证能得到正确运行结果，多数时间很快。但运行时间较长的情况也可能会出现，例如快速排序中每次随机选主元刚好按照大小顺序，虽然概率趋于 0。另一种是要么快速得到计算结果，要么算法承认计算失败。但这些随机发生的负面情况与问题实例无关。

对应第二种情形，一个 Las Vegas 算法可以用函数 LV(x, y, *success*)表示，其中 x 是问题实例，y 是计算结果，*success* 表示成功或者失败。如果存在 $\delta>0$，对任意的实例，成功的概率 $p(x)>\delta$，则可以用重复计算的方式变成第一种情形。

算法 9.11

```
LVRepeat(x,y){
    do {
      LV(x,y, success);
    } while (!success)
    return y;
}
```

假设对问题实例 x，LV 成功计算的概率是 p，成功计算的期望时间是 s，失败的期望时间是 f，算法 9.11 LVRepeat 的计算时间是 t，则

$$t = ps + (1-p)(f+t)$$

从而有

$$t = s + f\,(1-p)\,/\,p \tag{9.3}$$

9.3.1 n 皇后问题

第 6 章曾应用过深度优先搜索方法，通过遍历排列树来搜索可行的皇后排放方法，其核心是访问路径上第 k 个节点时，对 k 所有的孩子节点进行递归检测。如果此时应用 Las Vegas 算法，随机挑选一个可行的孩子节点作为 $k+1$ 节点，然后继续访问 $k+1$ 的孩子节点。最后要么成功访问到第 n 个皇后，要么中途承认访问失败。

算法 9.12

```
#include<stdio.h>
#include<stdlib.h>
```

```
#include<math.h>
#define uniform(a,b) a+(b-a)*rand()/RAND_MAX
#define MAX 100
int y[MAX];
bool constraints(int n, int row, int col, int y[]){
    int i,j;
    for(i=0;i<row;i++)
        if(y[i]==col || y[i]-i==col-row || y[i]-(n-i)==col-(n-row))
            return false;
    return true;
}
int LVQueen (int n, int y[], int * success) {
//算法最后 return 访问的节点数目
    int i,j,a;
    int ok[MAX],nok;  //存放合法位置
    for (i=0;i<n;i++){
        nok=0;
        for(j=0;j<n;j++)
            if (constraints(n,i,j,y)) ok[nok++]=j; //收集可行位置
        if(nok>0)   {
            a=uniform(0,nok-1);   //随机选位
            y[i]=ok[a];
        }
        else {
            *success =false;           //布局失败
            return i+1;
        }
    }
    *success=true;
    return n+1;
}

int main(){
    int i,count=0,suc,r;
    double p,f=0,s;
    for(i=0;i<10000;i++){
        r=LVQueen (8, y, &suc);
        if (!suc) { count ++; f+=r;}
    }
    s=9;
    f=f/count;
    p=1.0-1.0*count/10000;
    printf("%f%f %f", f,p, s+f*(1-p)/p);
    getchar();
}
```

对于8皇后问题,可以通过仿真的方式得到算法9.12 LVQueen的平均时间复杂性,例如某次将LVQueen运行10000次,成功的时候达650次,从树根开始到叶子节点一共访问了$s=9$个节点,概率是$p=0.065$,失败的时候访问了$f=7.137$个节点。如果应用算法9.11,以重复计算的方式成功获得布局,则根据公式(9.3)访问节点的期望值是$t=111.66$。而深度优先算法6.5访问到第一个合法布局时,需要访问114个节点。

可以继续对算法9.12进行改进,结合深度优先的特征:对长度为n的解路径,前k个节点应用如算法9.12的随机方式确定,后面$n-k$个节点,用深度优先的方式遍历搜索。仿真实验表明,改进后当$k=2$或3时,8皇后问题成功得到一个布局的节点访问数约是$t=30$。

9.3.2 通用散列算法

散列(hash)算法是一种数据对象的查询算法,查询时间是常数。设U是包含m个关键字的数据集合,B是N单元的散列表的标号集合$\{0,1,\cdots, N-1\}$,散列算法使用一个散列函数$h(x):U\to B$,直接通过关键字x的值计算出x在散列表的位置。

散列算法需要面临的问题是,两个不同的关键字x和y,其对应的位置$h(x)=h(y)$,称为散列冲突。散列冲突时,两个关键字不能放在散列表同一个位置,一种解决方案是在$h(x)$位置建立一个链表,所有值为$h(x)$的y接在链表上。这个解决方案所需要的空间是$O(m+N)$,包括N个单元的散列表,以及链表中的m个数据单元。$a=m/N$称为散列表的装载因子。

散列冲突的发生影响搜索的性能,散列的搜索时间期望值是常数,但是最差的情况下,所有的关键字都发生冲突,接在一个链上,导致最差搜索时间是$O(n)$。冲突的发生与所选择的散列函数$h(x)$有关,在散列函数选定后,冲突还与关键字表U有关。例如一个编译程序,应用散列技术存储和查询程序代码中出现的词汇(变量、常量、关键字、运算符等),在固定了散列函数之后,编译的效率就跟具体的程序代码相关,长度相似的代码的编译时间有很大的差异,编译的最差时间复杂性不好。

Las Vegas算法可以对这种情况进行改进,在每次编译之前随机选择一个散列函数。为了能达到随机选择的目标,首先需要一个散列函数的集合H,其中每个函数h满足对任意的$x\neq y$,$h(x)=h(y)$的概率不大于$1/N$。

假设在H中随机选择了一个h,对于一个m个词汇的代码,x是其中任意一个词汇,跟x发生冲突的最大概率是$(m-1)/N$,小于装载因子,因此即使在最差的情形下,查询时间的期望值是常数。

这样的H是存在的。例如对$U=\{0,1,2,\cdots, a-1\}$,$B=\{0,1,2,\cdots,N-1\}$,选择p是不小于a的质数,对任意两个整数i,j,定义$h_{i,j}(x)=((ix+j) \bmod p) \bmod N$,那么$H=\{h_{i,j} \mid 1\leqslant i<p$ 且 $0\leqslant j<p\}$就是满足条件的H。

9.4 本章习题

习题 9.1 抛一个硬币假设出现正面的概率是常数 p，出现反面的概率是 $1-p$，但不知道 p 的值，试写一个程序，用这个硬币产生一序列无偏的二进制位。

习题 9.2 智能卡中有随机计数技术的应用。里面有一块只写的存储器，n 个二进制位初始化为 0，每个位可以刷为 1，但不能再刷回 0。证明该存储器不能用确定性算法计数超过 n. 如果用随机性算法，则可以计数 2^n。

习题 9.3 设计一个随机算法，判断两个 $n\times n$ 矩阵是否互逆。

习题 9.4 假设 T 是一个 n 元的整数数组，一个优元指在数组中出现次数大于 $n/2$ 的元素，设计一个 0.5-正确的蒙特卡洛算法，寻找数组的优元。

习题 9.5 有两个蒙特卡洛算法 A 和 B，A 是 p-正确的，但能保证 true 判断的正确性，B 是 q-正确的，但能保证 false 判断的正确性。试基于 A 和 B 设计一个 Las Vegas 算法。

第 10 章 高级数据结构(一)

10.1 线 段 树

10.1.1 线段树的应用背景

在一类问题中,我们需要经常处理可以映射在一个坐标轴上的一些固定线段,比如说映射在 X 轴上的线段。由于线段是可以互相覆盖的,有时需要动态地取线段的并,例如取得并区间的总长度,或者并区间的个数等。

例 10.1 有 m 个数排成一列,初始值全为 0,然后做 n 次操作,每次我们可以进行如下操作:

(1) 将指定区间的每个数加上一个值;

(2) 将指定区间的所有数修改成一个值;

(3) 询问一个区间上的最小值、最大值、所有数的和。

我们可以用一般的模拟算法:用一张线性表表示整个数列,每次执行前两个操作的时候,将对应区间里的数值逐一进行修改,执行第三个操作的时候,线性扫描询问区间,求出三个统计值,每次维护的时间复杂度为 $O(m)$,整体的时间复杂度为 $O(mn)$。但当 m、n 的值比较大时,这个算法就太低效了。

其低效的原因主要是在每一次操作中都是针对每个元素进行维护的,而这里进行的操作都是针对一个区间进行操作的。假如设计一种数据结构,能够直接维护所需处理的区间,那么就能更加有效地解决这个问题。

10.1.2 线段树的结构

线段树是一棵二叉树,主要用于高效解决连续区间的动态查询问题,这里给出了一棵线段树见图 10.1。

定义 1.1:长度为 1 的线段称为元线段。

定义 1.2:一棵树被称为线段树,当且仅当这棵树满足如下条件:

(1) 该树是一棵二叉树;

(2) 树中的每一个节点都对应一条线段 $[a,b]$;

(3) 树中的节点是叶子节点,当且仅当它所代表的线段是元线段;

(4) 树中非叶子节点都有左右两棵子树,左子树树根对应线段 $[a,(a+b)/2]$,右子树

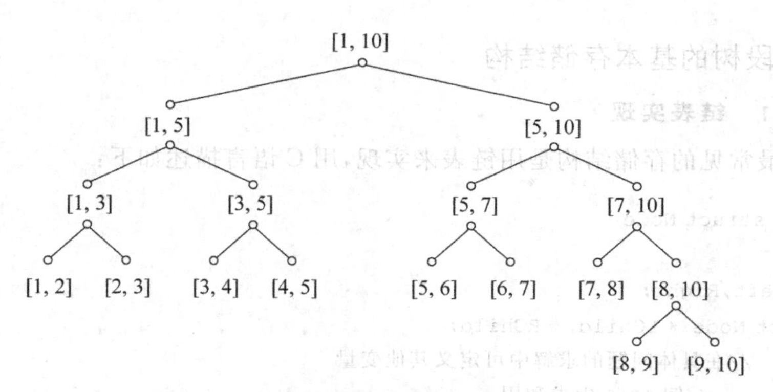

图 10.1　线段树示意图

树根对应线段$[(a+b)/2, b]$。

常用的是需要对数列进行处理，将区间$[a,b]$分解为$[a,(a+b)/2]$，$[(a+b)/2+1, b]$，当$a=b$时表示为一个叶子节点，表示数列中的一个数，如图 10.2 所示。

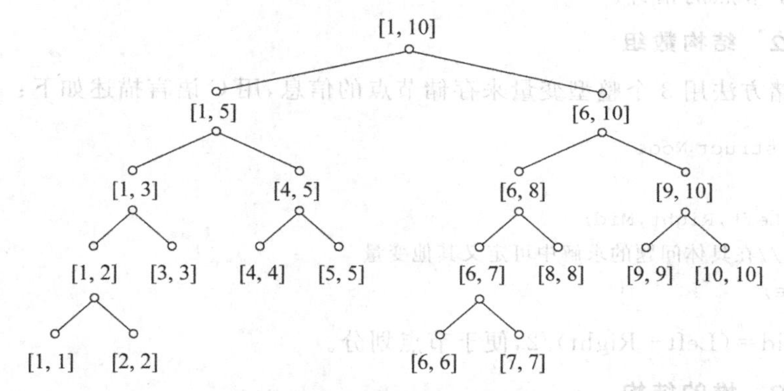

图 10.2　常见应用中的线段树

10.1.3　线段树的性质

线段树有很多好的性质，在设计算法和对算法进行评价时都将会被用到。

性质 1：线段树是一棵平衡二叉树，且任两个节点要么是包含关系要么没有公共部分，不可能部分重叠。

性质 2：若线段树处理的数列长度为n，即根节点的区间为$[1, n+1)$，那么线段树中总节点数个数不超过$2n$个。

性质 3：若线段树处理的数列长度为n，即根节点的区间为$[1, n+1)$，那么线段树的深度不超过$\log_2(n-1)+1$。

性质 4：线段树可以把区间上的任意一条长度为m的线段分成不超过$2\log_2 m$条线段，这条性质使得大多数查询能够在$O(\log_2 n)$的时间内完成。

10.1.4 线段树的基本存储结构

10.1.4.1 链表实现

线段树最常见的存储结构是用链表来实现，用C语言描述如下：

```
typedef struct Node
{
   int Left,Right;
   struct Node * LChild, * RChild;
   …       //在具体问题的求解中可定义其他变量
   long sum; //例 10.1 中求和用
}SegNode, * SegTree;
```

此存储结构将线段树中的每个节点看成一个个体并能维护节点间的关系，与树中二叉树的存储结构相似。其中，Left 和 Right 用来标注该节点所代表的区间，每个节点同时维护两个孩子节点的指针。

10.1.4.2 结构数组

这种存储方法用3个整型变量来存储节点的信息，用C语言描述如下：

```
Typedef struct Node
{
    int Left,Right,Mid;
    …  //在具体问题的求解中可定义其他变量
}SegNode;
```

其中，Mid＝(Left＋Right)/2，便于节点划分。

10.1.4.3 堆的结构

由于线段树中除最后一层外，前面所有节点形成一棵满二叉树，所以可以对其采用满二叉树的一维数组存储法，根节点在1中，对于节点 i，其左孩子为 $2\times i$，右孩子为 $2\times i+1$。

10.1.5 线段树的基本操作

10.1.5.1 线段树的构造

构造线段树是一个自顶向下的过程，可用从根节点开始的递归方法来实现，具体步骤如下：

(1) 对给定区间判断是否是叶节点，如果是转至(3)，否则转至(2)；

(2) 将区间从中间分成左右两个区间，分别进行构造，即递归实现；

(3) 构造完成。

下面以链表方式给出C语言的实现如算法10.1所示。

算法 10.1

```
void CreateSegTree(SegTree T, int left, int right)
```

```
{ //T为指向生成线段树的指针,left为区间的左端点,right为区间的右端点
  T=(SegTree)malloc(sizeof(SegNode));
  T->Left=left;
  T->Right=right;
  T->sum=0;  //区间和开始化
  if(left+1<right) //判断是否是叶节点
  {
    CreateSegTree(T->LChild,left,(left+right)/2);
    CreateSegTree(T->RChild, (left+right)/2,right);
  }
  else
    T->LChild=T->RChild=NULL;
}
```

10.1.5.2　线段树的查询

线段树的查询操作主要是在树中给定区间上进行一些操作,如例10.1中的求和等,实现查找求和的步骤如下:

(1) 对给定区间T[a,b],如果覆盖了线段树的表示区间,则直接进行相关操作,如例10.1中可直接返回*sum*值;否则转至(2);

(2) 对当前线段树区间进行划分,在左、右子树中递归查找。

例10.1中的查询区间和用C语言实现的算法如下。

算法10.2

```
long QuerySegTree(SegTree T, int left, int right)
{//left,right为待查询区间的左右端点值
   if(left<=T->Left && T->Righ<=right)
     return T->sum;
   else
   {
      long temsum=0;  //临时变量,用于求部分和
      if(left<(T->Left+T->Right)/2)//查询到左子树
        temsum=temsum+QueryTree(T->LChild,left,right);
      if(right>(T->Left+T->Right)/2)  //查询到右子树
        temsum=temsum+QueryTree(T->RChild,left,right);
      return temsun;
   }
}
```

10.1.5.3　线段树的修改

修改操作与查询操作相似,可以先通过递归找到要修改的位置,然后进行修改。例10.1中的修改问题用C语言实现如算法10.3所示。

算法 10.3

```
void UpdateSegTree(SegTree T, int t, int delta)
{
  if(T->Left==T->Right)   //判断是否是修改点
     T->sum=T->sum+delta;
  else
  {
    if(t<(T->LChild+T->RChild)/2)
      UpdateSegTree(T->LChild,t,delta);
    if(t>(T->LChild+T->RChild)/2)
      UpdateSegTree(T->RChild,t,delta);
    T->sum=T->LChild->sum+T->RChild->sum; //用子树的信息更新当前节点
  }
}
```

10.1.6 线段树的应用举例

例 10.2 如图 10.3 所示，在一条水平线上有 N 个建筑物，建筑物都是长方形的，且可以互相遮盖。给出每个建筑物的左右坐标值 A_i，B_i 以及每个建筑物的高度 H_i，需要计算出这些建筑物总共覆盖的面积。

数据范围如下：

建筑物个数 N：$1 \leqslant N \leqslant 40000$。

建筑物左右坐标值 A_i，B_i：$1 \leqslant A_i, B_i \leqslant 10^9$。

建筑物的高度 H_i：$1 \leqslant H_i \leqslant 10^9$。

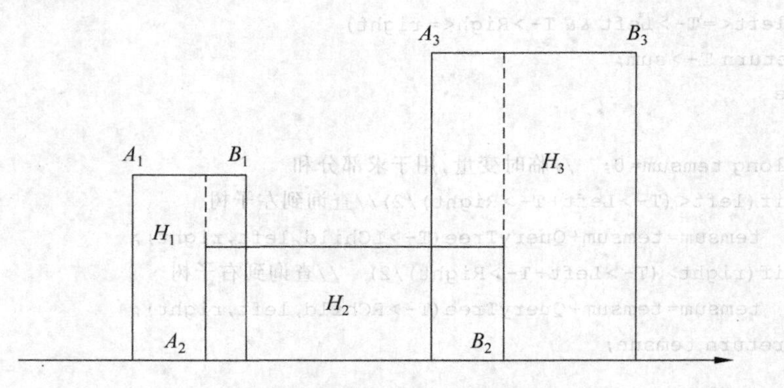

图 10.3 建筑物影射示意图

由题意可以知道，这道题需要求的即是这些矩形的面积的并集。考虑到题目中一个特殊的条件，所有的矩形的一边在一条直线上，我们可以把矩形投影成直线上的线段，且每条线段都有一个权值，这个权值就是矩形的高度 H_i。那么，就可以利用线段树进行处理，计算面积的并集就相当于计算带权的线段的并运算，即 $S = H * (B-A)$。当某条线段被多次覆盖时（比如图 10.3 中的线段 A_2B_1），只取 H 值最大的进行计算。如

图 10.3 中的矩形面积并为：$S = H_1 \times (B_1 - A_1) + H_2 \times (A_3 - B_1) + H_3 \times (B_3 - A_3)$。

由于题目中矩形的左右坐标的范围非常大（$1 \leqslant A_i, B_i \leqslant 10^9$），如果建立大小为$[1,10^9]$的线段树则会占用大量的空间。可采用一种离散化的思想来处理这个问题，这种思路在线段树的题目中也是经常会用到的。考虑到一共只有 $N \leqslant 40000$ 个矩形，那么，这些矩形一共也只有 $2 \times 40000 = 80000$ 个左右坐标值。首先将这 80000 个坐标值按大小排序，对排序后的坐标依次赋予一个新坐标值 $k(1 \leqslant k \leqslant 80000)$，这样我们就把长度为$[1,10^9]$的线段离散化成$[1,80000]$的线段了，而最后计算结果时，只需要按照新坐标值找回原始坐标值并代入计算即可。

回到原问题上来，当矩形所投影的线段被离散化以后，我们就可以建立线段树了。与之前讲过的初始化略有不同，现在每个线段树的节点不只是记录其所代表的线段是否被覆盖，而且要记录被覆盖的线段的权值。每次加入一个矩形就是在线段树上插入一条带权的线段，插入的实现过程与之前的也有不同。如果当前线段完全覆盖了节点所代表的线段，那么比较这两个线段的权值大小。如果节点所代表的线段的权值小或者在之前根本未被覆盖，则将其权值更新为当前线段的权值。

采用结构数组存储方式实现建立线段树代码如算法 10.4 所示。

算法 10.4

```
void insert(int l, int r, int h, int num)
{
    if (SegNode[num].Left ==l && SegNode[num].Right ==r)
    {
        if (SegNode[num].h <h || !SegNode[num].h)
            SegNode[num].h =h;
        return;
    }
    if (r <=SegNode[num].Mid)
        insert(l, r, h, 2 * num);
    else if (l >=SegNode[num].mid)
        insert(l, r, h, 2 * num +1);
    else
    {
        insert(l, SegNode[num].Mid, h, 2 * num);
        insert(SegNode[num].Mid, r, h, 2 * num +1);
    }
    return;
}
```

而最后计算面积并时，需要遍历整个线段树，因为这样才能确定每个从根节点到叶节点的路径，即每个元线段上最大的高度是多少。统计过程从根向叶遍历，遍历过程中统计高度的最大值，并在叶节点上进行计算，非叶节点的计算结果是其左右子节点的计算结果之和，实现的代码如算法 10.4 所示。

算法 10.5

```
long long cal_area(int h, int num)
{
    if (h > SegNode[num].h)
        SegNode[num].h = h;
    if (SegNode[num].Left + 1 == SegNode[num].Right)
         return (long long) SegNode [num]. h * (hash [SegNode [num]. Right] - hash
[SegNode[num].Left]);
        return
    cal_area(SegNode[num].h, 2 * num) + cal_area(SegNode[num].h, 2 * num + 1);
}
```

10.2 树状数组

10.2.1 树状数组的应用背景

平常我们会遇到一些对数组进行维护查询的操作，比较常见的如修改某点的值、求某个区间的和。当数据规模不大的时候，对于修改某点的值是非常容易的，复杂度是 $O(1)$，但是对于求一个区间的和就要扫一遍了，复杂度是 $O(N)$，如果实时地对数组进行 M 次修改或求和，最坏的情况下复杂度是 $O(M\times N)$。该如何高效地实现呢？

10.2.2 树状数组的定义

定义：树状数组(Fenwick Tree)是一个查询和修改复杂度都为 $\log(n)$ 的数据结构，其示意图如图 10.4 所示。

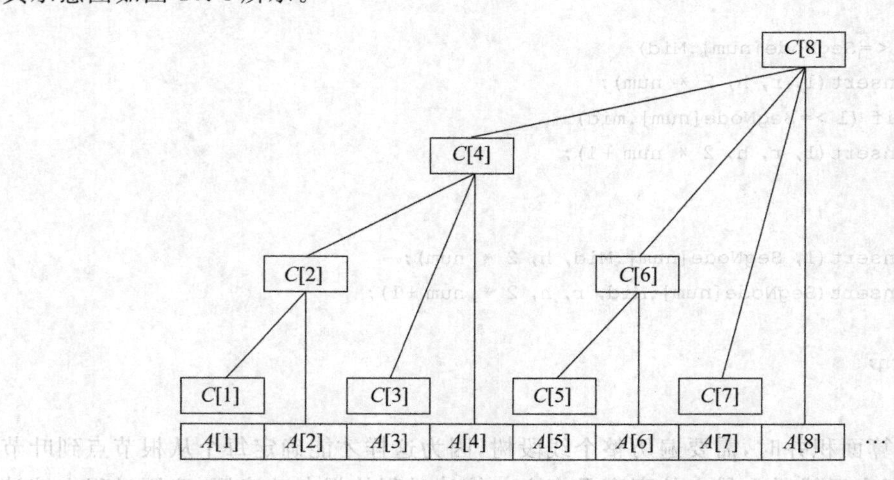

图 10.4 树状数组示意图

由图可知树状数组的一些特性：

(1) 数组 C 形似一棵树，用于存储数组 A 的部分和，其中第 i 个数，记录数组 A 中的

$i \& (-i)$个数的和,$i \& (-i)$可用函数 Lowbit(i)表示,则有 $C[i]=a[i-\text{Lowbit}(i)+1]+\cdots+a[x]$。

(2) 树中某个节点 i 转化的二进制数中末尾 0 的个数为 x,则节点 i 的孩子节点数为 2^x。

(3) 树中每个节点 i 的直接父亲节点是 $i+\text{Lowbit}(i)$。

树状数组主要用于查询任意两位之间的所有元素之和,但是每次只能修改一个元素的值;经过简单修改可以在 log(n)的复杂度下进行范围修改,但这时只能查询其中一个元素的值。树状数组和线段树很像,但能用树状数组解决的问题,基本上都能用线段树解决,而线段树能解决的树状数组不一定能解决。相比较而言,树状数组效率要高很多。

10.2.3 树状数组的实现

10.2.3.1 查询前缀和

根据性质 1 可以给出其 C 语言的实现如下:

算法 10.6

```
long getsum(int x)
{  //求 1…x 的和
   long sum=0;
   for (; x>0; x-=Lowbit(x))
       sum+=C[x];
   return sum;
}
```

10.2.3.2 修改子集和

由性质 3 可知任一节点的父亲节点的下标值,更新就很容易了,用 C 语言描述如下:

算法 10.7

```
void Update(int x,int v)
{  //在 x 处增加 v
  for (; x<=MAX; x+=Lowbit(x))
     C[x]+=v;
} //MAX 为树状数组 C 的上限
```

10.2.4 树状数组的应用

例 10.3 给定 n 个非负整数($n \leqslant 10^9$),求其中逆序对的个数,即所有这样的数对(i,j)满足 $1 \leqslant i \leqslant j \leqslant n$ 且 $a[i]>a[j]$。

由题意可知,只需要比较两个数的大小即可而无需关心数据值本身,所以可将输入的 n 个数进行离散化处理,即按照大小关系把 $a[1]$到 $a[n]$映射到 1 到 m 个数之间并保证仍然满足原有的大小关系,m 为不同数字的个数。如 $a[\ ]=\{10000000, 10, 2000, 20, 300\}$,那么离散化后 $a[\ ]=\{5, 1, 4, 2, 3\}$。

由此,题目可简化为:对于 $a[i]$,在 $a[i]$后面的数中有多少比 $a[i]$小?可用树状数组为数据结构来实现此求解过程。

从第 n 个数开始倒序处理，用树状数组的方法维护一个数组，其前缀和 getsum(x)表示到当前处理的第 i 个数为止，映射后值在 1 到 x 之间的数字共有多少个，假设 $a[i]$映射后的值为 y，那么比 $a[i]$小的数的个数就等于 getsum(y)。对于维护，只需要在此次查询结束后在 y 这个位置执行树状数组的修改操作即可，即 update(y,1)。

以下算法给出 getsum()函数和 update()函数的 C 语言实现。

算法 10.8

```
long long getsum(int x)
{
  long long sum=0;
  while(x)
  {
    sum+=c[x];
    x-=Lowbit(x);
  }
}
```

算法 10.9

```
void Update(int x,int v)
{
  while(x<=n)
  {
    c[x]+=v;
    x+=Lowbit(x);
  }
}
```

10.3 伸 展 树

10.3.1 伸展树的应用背景

二叉查找树(Binary Search Tree)可以用来表示有序集合、建立索引或优先队列等。最坏情况下，作用于二叉查找树上的基本操作的时间复杂度，可能达到 $O(n)$。某些二叉查找树的变形，基本操作在最坏情况下性能依然很好，如红黑树、AVL 树等。

假设想要对一个二叉查找树执行一系列的查找操作，为了使整个查找时间更小，被查频率高的那些条目就应当经常处于靠近树根的位置。于是想到设计一个简单方法，在每次查找之后对树进行重构，把被查找的条目搬移到离树根近一些的地方，伸展树应运而生。

10.3.2 伸展树的定义及特点

伸展树(Splay Tree)，也叫分裂树，是一种二叉排序树，它能在 $O(n \log n)$内完成插入、查找和删除操作。它由Daniel Sleator和Robert Endre Tarjan在1985年发明的。伸展树不严格限制树的形状，而是假设访问有局部性，让数据在访问后不久再次访问时变快，即将节点提到根节点的位置。

与平衡的或是其他对结构有明确限制的数据结构比起来，自调整的伸展树具有以下几个优点：

(1) 从平摊时间（在一系列最坏情况的操作序列中单次操作的平均时间）角度来看，它忽略了常量因子，因此绝对不会比有明确限制的数据结构差。而且由于它可以根据使用情况进行调整，于是在使用模式不均匀的情况下更加有效。

(2) 由于无需存储平衡或者其他的限制信息，它们所需的空间更小。

(3) 查找和更新算法概念简单，易于实现。

当然，自调整结构也有潜在的缺点：

(1) 它们需要更多的局部调整，尤其是在查找期间（那些有明确限制的数据结构仅需在更新期间进行调整，查找期间则不用）。

(2) 一系列查找操作中的某一个可能会耗时较长，这在实时应用程序中可能是不足之处。

10.3.3 伸展树的主要操作

与二叉排序树一样，伸展树也具有有序性，即树中的每个节点 x 都满足：节点 x 的左子树中的每个元素都小于 x 且其右子树中的每个元素都大于 x。不同的是伸展树可以进行“自我调整”，主要是由其核心的伸展操作Splay(x,s)来完成。

用三叉树来存储伸展树中的节点如下：

```
typedef struct node
{
  int key;  //记录关键字
  struct node * LC, * RC, * FA;  //指向左孩子、右孩子和双亲节点的指针
} * SPTree;
```

10.3.3.1 伸展操作

伸展操作是在保持伸展树有序性的前提下，通过一系列旋转操作将伸展树 S 中的元素 x 调整至树的根部的操作。

在调整的过程中，要分以下三种情况分别处理。

情况一： 节点 x 的父节点 y 是根节点。

如果 x 是 y 的左孩子，我们进行一次Zig(右旋)操作，如图10.5所示。

右旋操作如算法10.10所示。

算法10.10

```
Void Zig(SPTree x)
{
    SPTree y;
```

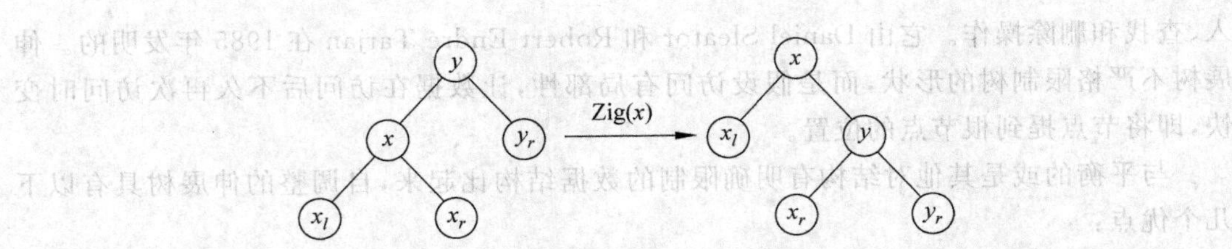

图 10.5　右旋操作示意图

```
    y=x->FA;
    y->LC=x->RC;
    if(x->RC)
        x->LC->FA=y;
    x->FA=y->FA;
    if(y->FA)
    {
        if(y=y->FA->LC)
            y->FA->LC=x;
        else
            y->FA->RC=x;
    }
    y->FA=x;
    x->RC=y;
}
```

如果 x 是 y 的右孩子，则我们进行一次 Zag(左旋)操作，如图 10.6 所示。

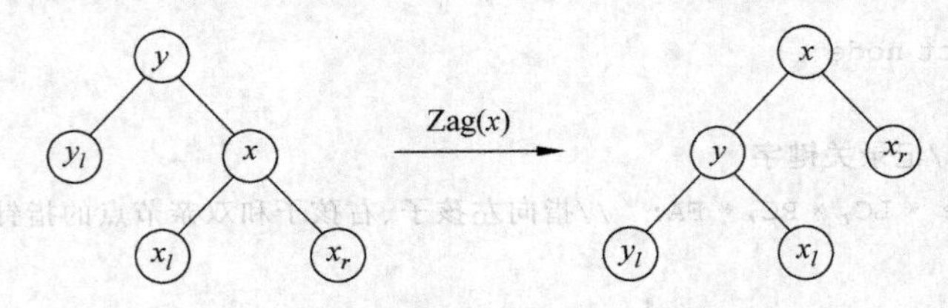

图 10.6　左旋操作示意图

经过旋转，x 成为二叉查找树 S 的根节点。

左旋操作如算法 10.11 所示。

算法 10.11

```
Void Zag(SPTree x)
{
    SPTree y;
    y=x->FA;
    y->RC=x->LC;
    if(x->LC)
        x->LC->FA=y;
```

```
    x->FA=y->FA;
    if(y->FA)
    {
        if(y=y->FA->LC)
            y->FA->LC=x;
        else
            y->FA->RC=x;
    }
    y->FA=x;
    x->LC=y;
}
```

情况二：节点 x 的父节点 y 不是根节点，y 的父节点为 z。

若 x 与 y 同时是各自父节点的左孩子，进行一次 Zig-Zig 操作如图 10.7 所示。

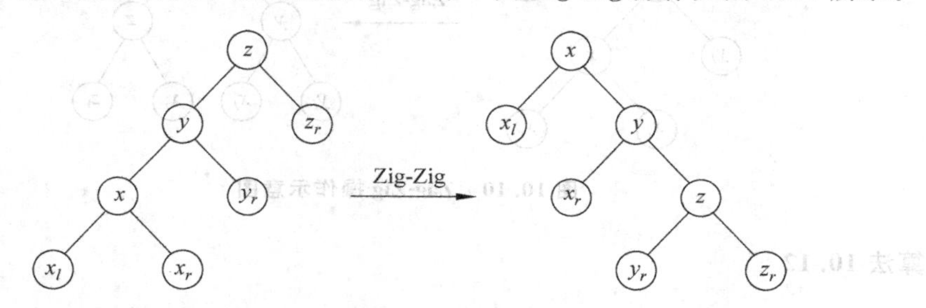

图 10.7　Zig-Zig 操作示意图

操作语句为：先 Zig(y) 后 Zig(x)。

若 x 与 y 同时是各自父节点的右孩子，进行一次 Zag-Zag 操作如图 10.8 所示。

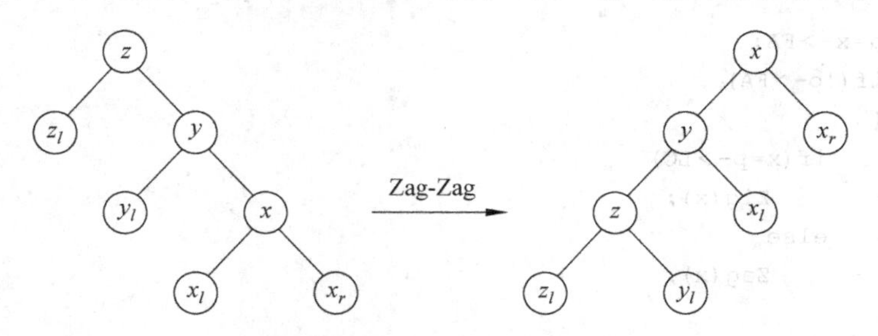

图 10.8　Zag-Zag 操作示意图

操作语句为：先 Zag(y) 后 Zag(x)。

情况三：节点 x 的父节点 y 不是根节点，y 的父节点为 z。

若 x 是 y 的左孩子而 y 是 z 的右孩子，进行一次 Zig-Zag 操作如图 10.9 所示。

操作语句为：先 Zig(x) 后 Zag(x)。

若 x 是 y 的右孩子而 y 是 z 的左孩子，进行一次 Zag-Zig 操作如图 10.10 所示。

操作语句为：先 Zag(x) 后 Zig(x)。

根据以上操作，可以给出伸展操作算法，如算法 10.12 所示。

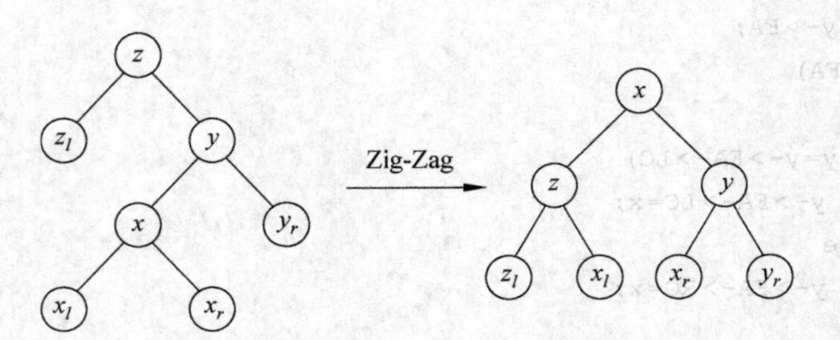

图 10.9 Zig-Zag 操作示意图

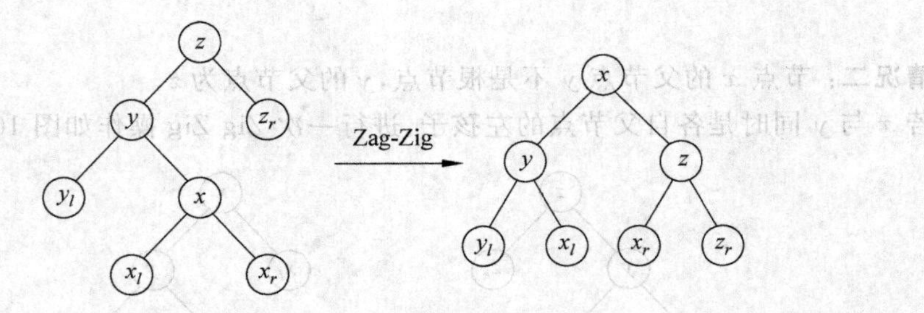

图 10.10 Zag-Zig 操作示意图

算法 10.12

```
void splay(SPTree x, SPTree s)
{
    SPTree p;
    while(x->FA)
    {
        p=x->FA;
        if(!p->FA)
        {
            if(x=p->LC)
                Zig(x);
            else
                Zag(x);
        }
        if(x=p->LC)
        {
            if(p=p->FA->LC)
            {
                Zig(p);
                Zig(x);
            }
            else
            {
                Zig(x);
                Zag(x);
```

```
            }
        }
        else
        {
            if(p=p->FA->RC)
            {
                Zag(p);
                Zag(x);
            }
            else
            {
                Zag(x);
                Zig(x);
            }
        }
    }
    s=x;
}
```

10.3.3.2　查找操作

Find(x,s)：判断元素 x 是否在伸展树 s 表示的有序集中。

由于伸展树也是一棵二叉排序树，查找过程与在二叉排序树中的查找操作一样，在伸展树中查找元素 x；如果 x 在树中，则再执行 Splay(x,s)调整伸展树。

算法 10.13

```
SPTree Find(int x,SPTree s)
{
    SPTree p;
    p=BST_Find(x,s);   //在二叉排序树 s 中查找值为 x 的节点
    slpay(p,s);
    return p;
}
```

10.3.3.3　加入操作

Insert(x,s)：将元素 x 插入伸展树 s 表示的有序集中。

先与普通的二叉排序树的插入操作一样，将 x 插入到伸展树 s 中的相应位置上，然后再执行 Splay(x,s)。

算法 10.14

```
void Insert(int x,SPTree s)
{
    BST_Insert(x,s);   //在二叉排序树 s 中插入值为 x 的节点
    splay(x,s);
}
```

10.3.3.4 删除操作

Delete(x,s)：将元素 x 从伸展树 s 所表示的有序集中删除。

首先，用在二叉排序树中查找元素的方法找到 x 的位置。如果 x 没有孩子或只有一个孩子，那么直接将 x 删去，并通过 Splay 操作，将 x 节点的父节点调整到伸展树的根节点处。否则，则向下查找 x 的后继 y，用 y 替代 x 的位置，最后执行 Splay(y,S)，将 y 调整为伸展树的根。

算法 10.15

```
void Delete(int x,SPTree s)
{
    SPTree p;
    p=Find(x,s);    //在二叉排序树 s 中查找值为 x 的节点
    s=Join(p->LC,p->RC);  //合并左右子树,见 10.3.3.5 节
}
```

10.3.3.5 合并操作

Join($s1$,$s2$)：将两个伸展树 $s1$ 与 $s2$ 合并成为一个伸展树，其中 $s1$ 的所有元素都小于 $s2$ 的所有元素。

首先，我们找到伸展树 $s1$ 中最大的一个元素 x，再通过 Splay(x,$s1$)将 x 调整到伸展树 $s1$ 的根。然后再将 $s2$ 作为 x 节点的右子树。这样，就得到了新的伸展树 s。

算法 10.16

```
SPTree Join(SPTree s1,SPTree s2)
{
    SPTree p;
    if(!s1) return s2;
    if(!s2) return s1;
    p=Maxnum(s1);  //找出 s1 中值最大的节点
    splay(p,s1);
    p->RC=s2;
    return p;
}
```

10.3.3.6 划分操作

Split(x,s)：以 x 为界，将伸展树 s 分离为两棵伸展树 $s1$ 和 $s2$，其中 $s1$ 中所有元素都小于 x，$s2$ 中的所有元素都大于 x。

首先执行 Find(x,s)，将元素 x 调整为伸展树的根节点，则 x 的左子树就是 $s1$，而右子树为 $s2$。

算法 10.17

```
void Split(int x,SPTree s,SPTree s1,SPTree s2)
{
```

```
    SPTree p;
    p=Find(x,s);    //在二叉排序树 s 中查找值为 x 的节点
    s1=p->LC;
    s2=p->RC;
}
```

10.3.3.7　其他操作

除了上面介绍的五种基本操作，伸展树还支持求最大值、求最小值、求前趋、求后继等多种操作，这些基本操作也都是建立在伸展操作的基础上的。

通常来说，每进行一种操作后都会进行一次 Splay 操作，这样可以保证每次操作的平摊时间复杂度是 $O(\log n)$。

10.4　Treap

10.4.1　概述

同伸展树一样，Treap 也是一个平衡二叉树，不过 Treap 会记录一个额外的数据，即优先级。Treap 在以关键码构成二叉搜索树的同时，还按优先级来满足堆的性质。因而，Treap＝tree＋heap。这里需要注意的是，Treap 并不是二叉堆，二叉堆必须是完全二叉树，而 Treap 可以并不一定是，如图 10.11 所示。

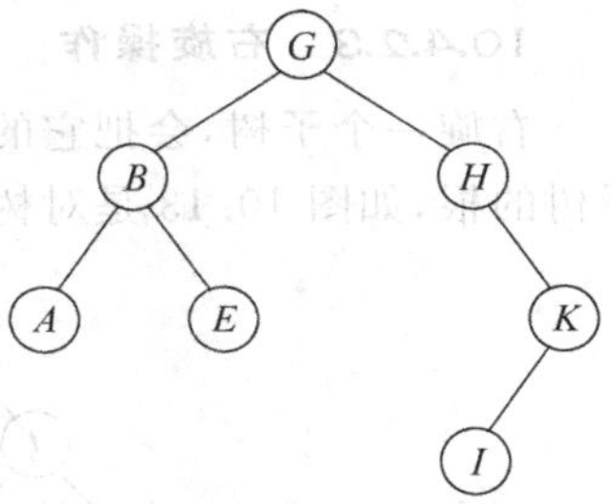

图 10.11　Treap 示意图

10.4.2　Treap 基本操作

为了使 Treap 中的节点同时满足 BST 性质和最小堆性质，不可避免地要对其结构进行调整，调整方式被称为旋转。在维护 Treap 的过程中，只有两种旋转，分别是左旋转（简称左旋）和右旋转（简称右旋）。

10.4.2.1　Treap 的存储结构

Treap 的存储结构可描述如下：

```
typedef struct Treap_Node
{
  Treap_Node * LC, * RC; //节点的左右子树的指针
  int value,fix;              //节点的值和优先级
} * Treap;
```

10.4.2.2　左旋操作

左旋一个子树，会把它的根节点旋转到根的左子树位置，同时根节点的右子节点成为子树的根，如图 10.12 是对树中节点 p 进行左旋的结果。

其算法描述如下。

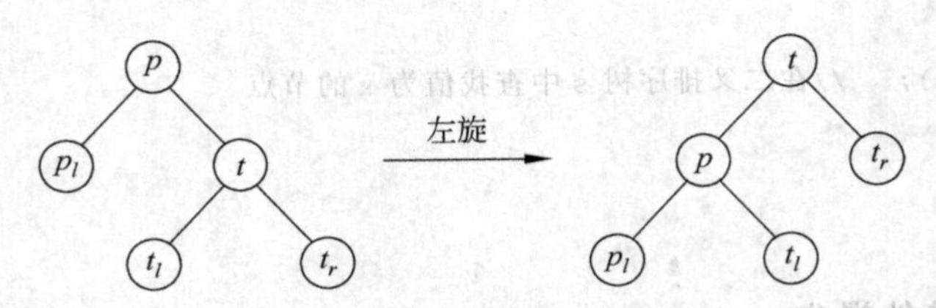

图 10.12　左旋操作示意图

算法 10.18

```
void Treap_Left_Rotate(Treap * P)
{
    Treap T=(* P)->RC;
    (* P)->RC=T->LC;
    T->LC=(* P);
    (* P)=T;
}
```

10.4.2.3　右旋操作

右旋一个子树，会把它的根节点旋转到根的右子树位置，同时根节点的左子节点成为子树的根，如图 10.13 是对树中节点 p 进行右旋的结果。

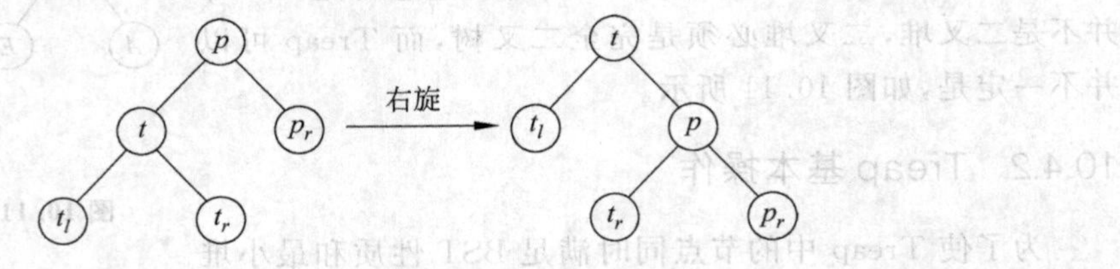

图 10.13　右旋操作示意图

其算法描述如下。

算法 10.19

```
void Treap_Right_Rotate(Treap * P)
{
    Treap T=(* P)->LC;
    (* P)->LC=T->RC;
    T->RC=(* P);
    (* P)=T;
}
```

左旋和右旋操作具体实现时还需注意以下问题：

(1) 旋转的前提是必须有父子两个节点，即不能把根节点再向上转；

(2) 注意对空节点的判断；

(3) 如果存储了父节点的指针，子节点指向新的父节点后，父节点要进行更新(指向新节点),否则树中的父子关系会出现混乱。

10.4.3 Treap的其他操作

与其他树形结构一样,Treap的基本操作有查找、插入、删除等。

10.4.3.1 查找操作

与其他二叉树一样,Treap的查找过程就是二分查找的过程,复杂度为$O(\log n)$。

10.4.3.2 插入操作

在Treap中插入元素,与在BST中插入方法相似。首先找到合适的插入位置,然后建立新的节点,存储元素。但是要注意新的节点会有一个优先级属性,该值可能会破坏堆序,因此我们要根据需要进行恰当的旋转。具体方法如下:

(1) 从根节点开始插入;

(2) 如果要插入的值小于等于当前节点的值,在当前节点的左子树中插入,插入后如果左子节点的优先级小于当前节点的优先级,对当前节点进行右旋;

(3) 如果要插入的值大于当前节点的值,在当前节点的右子树中插入,插入后如果右子节点的优先级小于当前节点的优先级,对当前节点进行左旋;

(4) 如果当前节点为空节点,在此建立新的节点,该节点的值为要插入的值,左右子树为空,插入成功。

其算法描述如下。

算法10.20

```
Treap_Node * root;
void Treap_Insert(Treap_Node * &P,int value)
{
    if (!P) //找到位置,建立节点
    {
        P=new Treap_Node;
        P->value=value;
        P->fix=rand();      //生成随机的修正值
    }
    else if (value <=P->value)
    {
        Treap_Insert(P->left,value);
        if (P->left->fix <P->fix)
            Treap_Right_Rotate(P);//左子节点修正值小于当前节点修正值,右旋当前节点
    }
    else
    {
        Treap_Insert(P->right,value);
        if (P->right->fix <P->fix)
            Treap_Left_Rotate(P);//右子节点修正值小于当前节点修正值,左旋当前节点
    }
}
```

例 10.4 假设在下面的 Treap 中插入节点 f,其优先级为 15,则插入过程如图 10.14 和图 10.15 所示。

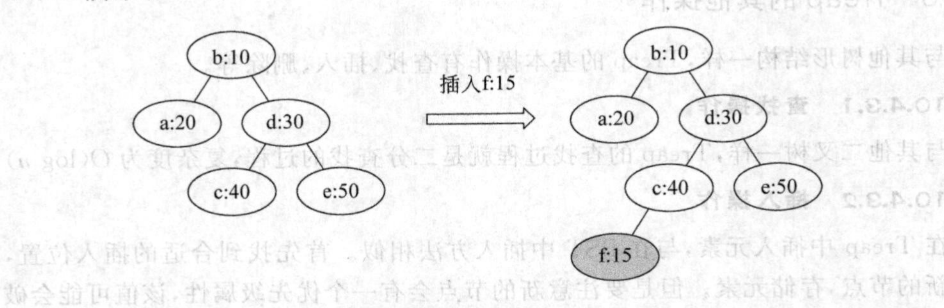

图 10.14 插入节点 f 后的情况

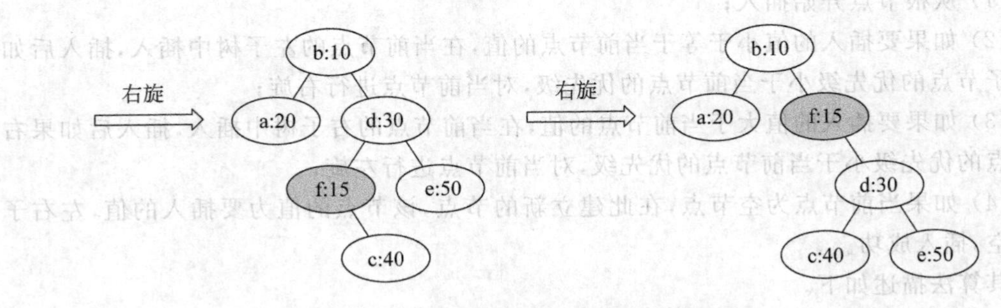

图 10.15 调整成为 Treap 的情况

10.4.3.3 删除操作

与 BST 一样,在 Treap 中删除元素要考虑多种情况。我们可以按照在 BST 中删除元素同样的方法来删除 Treap 中的元素,即用它的后继(或前驱)节点的值代替它,然后删除它的后继(或前驱)节点。

上述方法期望时间复杂度为 $O(\log N)$,但是这种方法并没有充分利用 Treap 已有的随机性质,而是重新随机选取代替节点。我们给出一种更为通用的删除方法,这种方法是基于旋转调整的。首先要在 Treap 树中找到待删除节点的位置,然后分两种情况讨论:

情况一,该节点为叶节点或链节点,则该节点是可以直接删除的节点。若该节点有非空子节点,用非空子节点代替该节点的,否则用空节点代替该节点,然后删除该节点。

情况二,该节点有两个非空子节点。我们的策略是通过旋转,使该节点变为可以直接删除的节点。如果该节点的左子节点的优先级小于右子节点的优先级,右旋该节点,使该节点降为右子树的根节点,然后访问右子树的根节点,继续讨论;反之,左旋该节点,使该节点降为左子树的根节点,然后访问左子树的根节点,这样继续下去,直到变成可以直接删除的节点。

算法 10.21

```
BST_Node * root;
void Treap_Delete(Treap_Node * &P,int * value)
{
    if (value==P->value)                          //找到要删除的节点,对其删除
    {
        if (!P->right || !P->left)                //情况一,该节点可以直接被删除
        {
            Treap_Node * t=P;
            if (!P->right)
                P=P->left;                        //用左子节点代替它
            else
                P=P->right;                       //用右子节点代替它
            delete t;                             //删除该节点
        }
        else                                      //情况二
        {
            if (P->left->fix <P->right->fix)  //左子节点修正值较小,右旋
            {
                Treap_Right_Rotate(P);
                Treap_Delete(P->right,value);
            }
            else                                  //左子节点修正值较小,左旋
            {
                Treap_Left_Rotate(P);
                Treap_Delete(P->left,value);
            }
        }
    }
    else if (value <P->value)
        Treap_Delete(P->left,value);              //在左子树查找要删除的节点
    else
        Treap_Delete(P->right,value);             //在右子树查找要删除的节点
}
```

例 10.5　假设在下面的 Treap 中删除节点 f,其删除过程如图 10.16 所示。

10.4.4　总结

Treap 作为一种简洁高效的有序数据结构,在计算机科学和技术应用中有着重要的地位。它可以用来实现集合、多重集合、字典等容器型数据结构,也可以用来设计动态统计数据结构。

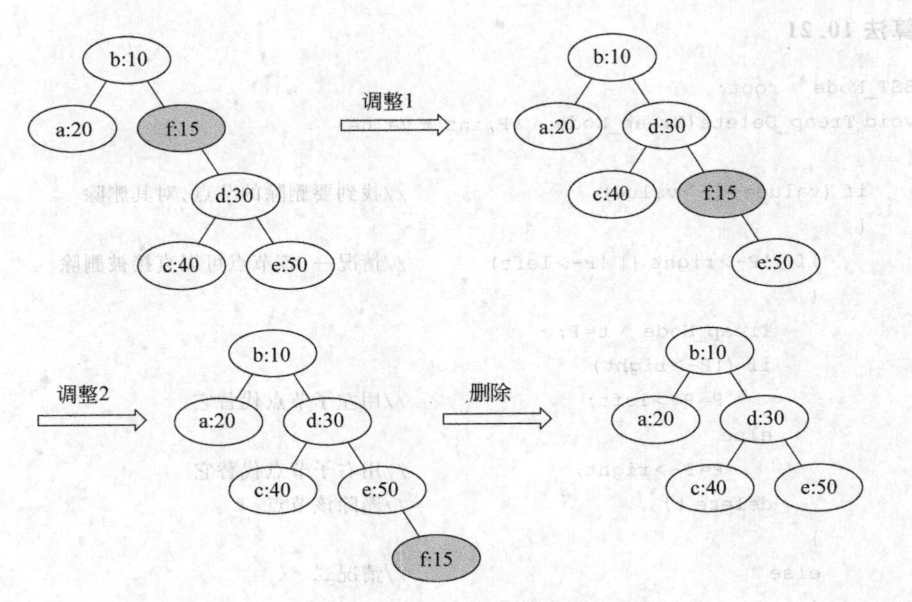

图 10.16 节点 f:15 的删除过程

10.5 本章习题

习题 10.1 一行 N 个方格，开始每个格子里都有一个整数，现在动态地提出一些问题和修改：提问的形式是求某一个特定的子区间$[a,b]$中所有元素的和；修改的规则是指定某一个格子 x，加上或者减去一个特定的值 A。现在要求你能对每个提问作出正确的回答。$1\leqslant N<100000$，提问和修改的总数 $m<10000$ 条。

习题 10.2 给你 N 个数，对其实现两种操作：(1)给区间$[a,b]$的所有数增加 X；(2)询问区间$[a,b]$的数的和。

习题 10.3 给定 N 个整数，每个数 $a[i]$都是不超过 10^9 的非负数。求其中逆序对的个数，即所有这样的数对(i,j)满足 $1\leqslant i<j\leqslant N$，且 $a[i]>a[j]$。

习题 10.4 给定一个 $n\times n$ 的矩阵 A，其中每个元素不是 0 就是 1。$A[i,j]$表示在第 i 行、第 j 列的数，初始时，$A[i,j]=0(1\leqslant i,j\leqslant n)$。写一个算法实现操作：给定一个左上角$(x1,y1)$和右下角$(x2,y2)$，通过使用"not"操作改变这个矩形内的所有元素值(元素 0 变 1，元素 1 变 0)。

习题 10.5 有一个港口分为 m 个隔舱，每个隔舱都有固定的长度，一条船只能在一个隔舱内，但每个隔舱能容纳多条船。每条船只占用 1 个单位长度，在隔舱内的船不能交叉或重叠。每条船都有自己的出港时间，写一个算法实现船只的调度，使得停靠的船只数量最多。

习题 10.6 实现一种数据结构，维护以下两个操作：(1)插入元素；(2)输出当前表中相差最小的两个元素的差。一开始表为空，插入次数不超过 50000 次，且相同的数据不重复插入。

第 11 章

高级数据结构(二)

11.1 块状链表

线性表是我们常用的数据结构,它有着直观、易于维护等优点。但在进行算法设计的时候,经常要对线性表的结构进行动态的修改,并且效率要求较高。本章将介绍一种针对这样问题的数据结构——块状链表。

11.1.1 块状链表基本思想

我们经常会进行这样的操作——编辑文本。在编辑文本时,我们会进行各种操作,其中经常会有多个字符的插入和删除操作。如果用链表实现编辑器,那么,在查找定位的时候,时间复杂度为 $O(n)$,如果使用数组实现,则在插入和删除等操作的时候,时间复杂度同样也是 $O(n)$。这就需要我们设计这样一种数据结构:它能快速地在要求位置插入或者删除一段数据,使得时间复杂度小于 $O(n)$。

先考虑两种简单的数据结构:数组和链表。数组的优点是能够在 $O(1)$的时间内找到所要执行操作的位置,但其缺点是无论是插入或删除都要移动之后的所有数据,时间复杂度是 $O(n)$的。链表优点是能够在 $O(1)$的时间内插入和删除一段数据,但缺点是在寻找操作位置时,却要遍历整个链表,复杂度同样是 $O(n)$的。这两种数据结构各有优缺点,我们可以把数组和链表的优点结合来,这就构成了一个新的数据结构:块状链表,结合数组和链表的优缺点的块状链表其各种操作的时间复杂度均为 $O(\sqrt{n})$。

从整体上看,块状链表是一个链表,而在链表的每个节点上,以数组的形式存储一组元素。具体如图 11.1 所示。

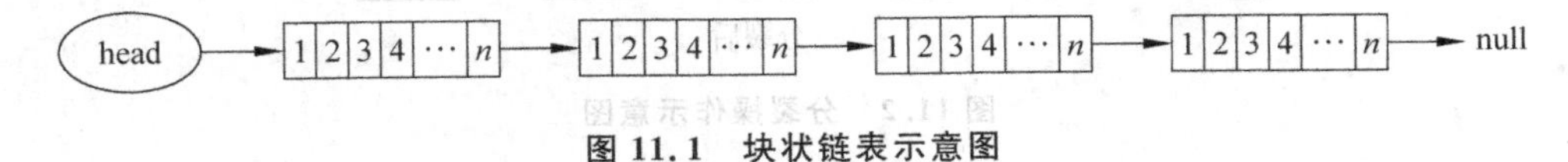

图 11.1　块状链表示意图

11.1.2 块状链表基本操作

块状链表结合了数组和链表的优点,其本身是一个链表,但是链表储存的并不是一般的数据,而是由这些数据组成的顺序表。每一个块状链表的节点,也就是顺序表,可以被叫做一个块。块状链表通过使用可变的顺序表的长度和特殊的插入、删除方式，可以达到时间复杂度 $O(\sqrt{n})$。块状链表另一个特点是相对于普通链表来说节省内存，因为不用保存指向每一个数据节点的指针。

11.1.2.1 定位操作

Locate(pos)：定位操作其实可以当作是查找，我们当然是先要定位到元素所在的块，然后在该块里面的数组里面寻找我们要的节点。

其伪代码如下：

```
Locate(pos)
{
 curBlock =0;
 nextBlock =next[curBlock];
 count =0;
 while(pos>count)
  { //逐块查找
    count +=curSize[nextBlock];
    nextBlock =next[nextBlock];
  }
pos =count-pos;                    //更改 pos 为块内地址
return nextBlock;                  //返回定位的块地址
```

11.1.2.2 分裂节点

Split(curBlock,pos)：将某个节点分裂成两个节点。

该操作将块状链表中原来的 curBlock 这一块从 pos(块内位置)处分裂为两块。分裂操作在其他操作中会经常用到，重要的是，可以取出我们需要的操作区间，如图 11.2 所示。

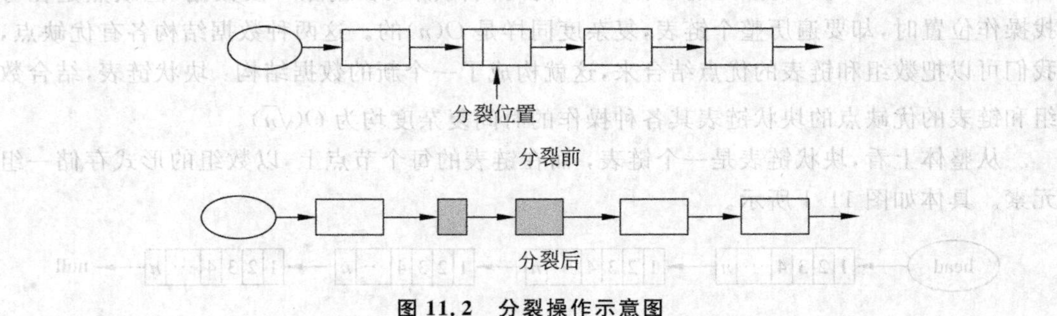

图 11.2 分裂操作示意图

分裂操作的伪代码如下：

```
Split(curBlock,pos)
{
  if(pos==curSize[curBlock]) return;   //末尾不需要分裂
  newBlock =getnewBlock();             //新建一个链表节点
```

```
curSize[newBlock] = curSize[curBlock] - pos;
memcpy(data[newBlock], data[curBlock]+pos, curSize[newBlock]);
//将原来块后半部分数据复制到新块
next[curBlock] = newBlock;
curSize[curBlock] = pos;              //调整原来块的大小
}
```

11.1.2.3 插入操作

Insert(pos,num,str)：在块状链表的 pos 处插入 num 个数据。

首先定位要插入的位置，然后将所在节点分裂成两个节点，并将数据放到第一个节点的末尾。如果要插入的是一大块数据，首先要将数据切成多个块，其中，每个块对应一个块状链表的一个节点，并将这些块链接起来，然后将它们插入那两个节点之间。插入的操作图如图 11.3 所示。

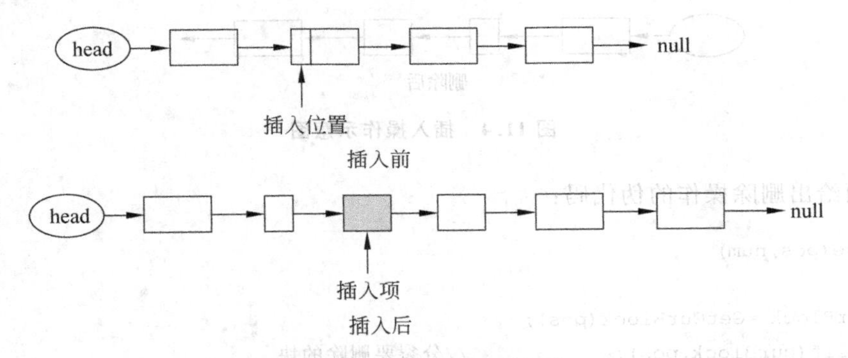

图 11.3　插入操作示意图

下面给出插入操作的伪代码：

```
Insert(pos,num,str)
{
curBlock = GetCurBlock(pos);      //获取 pos 块编号
Split(curBlock,pos);              //分裂操作
curNum = 0;
while(curNum+BLOCK_SIZE<=num)
{
  newBlock = GetNewBlock();
  Set data of new Block;          //设置新块的数据、维护链表后继指针
  CurBlock = newBlock;
  curNum = curNum +√n;
}
if(num-curNum!=0)
{
  newBlock = GetNewBlock();
  Set data of new Block;
```

```
  MaintainList();                    //执行维护操作,将在后续介绍
}
```

11.1.2.4 删除操作

Erase(pos,num):在块状链表中,删除从 pos 开始的 num 个数据。

首先定位删除元素的位置,然后按照数组删除元素的方法删除该数据。如果删除一大块数据,首先要定位数据块首元素和末元素所在的位置,然后分别将它们所在的节点分裂成两个节点,最后删除首元素和末元素之间的节点即可,如图 11.4 所示。

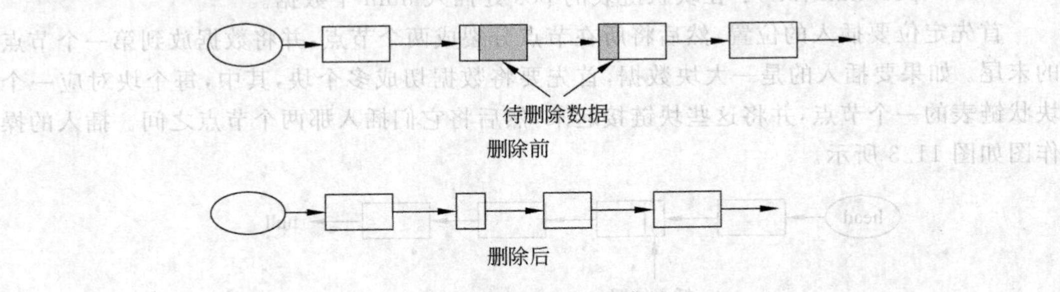

图 11.4 插入操作示意图

下面给出删除操作的伪代码:

```
Erase(pos,num)
{
  curBlock =GetCurBlock(pos);
  Split(curBlock,pos);               //分裂要删除的块
  nextBlock =next[curBlock];
  while(nextBlock !=-1&&num>curSize[nextBlock])
  {// 找到删除的终点位置
    num =num-curSize[nextBlock];
    nextBlock =next[nextBlock];
  }
  Split(nextBlock,num)               //把删除的终点位置的块进行分裂
  nextBlock =next[nextBlock];
  p =next[curBlock];
  while(p! =nextBlock)
  {//删除数据
    next[curBlock] =next[p];
    DeleteBlock(p);
    p =next[curBlock];
  }
  MaintainList();                    //维护操作
}
```

11.1.2.5 维护操作

MaintainList():在每次块状链表结构改变之后执行维护操作。顺序扫描链表结构,

每碰到项链两块的大小满足合并条件，就将其合并，一直到链表末端。其伪代码如下：

```
MaintainList()
{
  curBlock =List_head;     //将制作置于表头
    while(curBlock !=null) // 查找要维护的块
    {
      nextBlock =next[curBlock];
    }
    while(nextBlock!=null&&curSize[curBlock]+curSize[nextBlock]<=√n)
    {// 合并满足条件的块
      Merge(curBlock,nextBlock);
      nextBlock=next[curBlock];
    }
  curBlock =next[curBlock];
}
```

11.1.2.6　合并操作

Merge(curBlock，nextBlock)：合并操作是将相邻的两个块合并。

当相邻两个块的大小之和不超过$\sqrt{n}$的时候，就需要进行合并操作。合并操作是为维护操作而准备的操作。其与分裂操作相反，具体实现伪代码如下：

```
Merge(curBlock,nextBlock)
{
   memcpy (data [curBlock] + curSize [curBlock], data [nextBlock], curSize
   [nextBlock]);
   //复制数据到当前块
   curSize[curBlock] =cursize[curBlock] +curSize[nextBlock];
   next[curBlock] =next[nextBlock];
   DeleteBlock[nextBlock];// 删除链表节点
}
```

从总体上来看，维护一个链表，链表中的每个单元中包含一段数组，以及这个数组中的数据个数。每个链表中的数据连起来就是整个数据。设链表长度为 a，每个单元中的数组长度是 b。无论是插入或删除，在寻址时要遍历整个链表，复杂度是 $O(a)$；对于插入操作，直接在链表中加入一个新单元，复杂度是 $O(1)$；对于删除操作，会涉及多个连续的单元，如果一个单元中的所有数据均要删除，直接删除这个单元，复杂度是 $O(1)$，如果只删除部分数据，则要移动数组中的数据，复杂度是 $O(b)$。总的复杂度是 $O(a+b)$。因为 $ab=n$，取 $a=b=\sqrt{n}$，则总的复杂度是 $O(\sqrt{n})$。

在执行插入操作后，如果当前单元中的数据个数大于 $2\sqrt{n}$，则将当前单元分割成两个新单元，每个单元中的数据个数保持为 $2\sqrt{n}$。在执行删除操作后，如果当前单元和当前单元的下一个单元的数据个数和小于$\sqrt{n}$，则将两个单元合并成一个新单元。执行上述维护操作需要移动数组中的数据,复杂度是 $O(b)$,对于单元的分割和合并均是 $O(1)$的,总的复杂度是 $O(b)$的。这样,维护操作并不会使总复杂度增加。最终得到一个时间复杂度是 $O(\sqrt{n})$的数据结构。

11.1.3 块状链表的应用

从块状链表结构的基本思想及基本操作中,我们可以看到,块状链表结合了链表和数组两者的优势。块状链表这种数据结构,在处理文本编辑一类的操作非常适合。就像我们之前讨论的一样,在文本的插入、删除中,非常灵活。下面,就块状链表在文本编辑器中的应用做详细介绍。

例 11.1 实现一个文本编辑。文本编辑器为一个包含一段文本和该文本中的一个光标的,并可以对其进行如表 11.1 所示的 6 种操作的程序。如果这段文本为空,我们就说这个文本编辑器是空的。

表 11.1 文本编辑器的 6 种操作

操作名称	输入文件的格式	功　能
Move(k)	Move k	将光标移到第 k 个元素之后,如果 $k=0$,将光标移到文本开头
Insert(n,s)	Insert n 回车 s	在光标处插入长度为 n 的字符串 s,光标位置不变,$n\geqslant1$
Delete(n)	Delete n	删除光标后的 n 个字符,$n\geqslant1$
Get(n)	Get n	输出光标后的 n 个字符,$n\geqslant1$
Pre(n)	Pre n	光标前移一个字符
Next(n)	Next n	光标后移一个字符

这里,文本的定义为:有 0 个或多个 ASCII 码在闭区间[32,126]内的字符构成的序列。

光标:在一段文本中用于指示位置的标记,可以位于文本首部、文本尾部或文本的某两个字符之间。

文本编辑器的目标就是实现这 6 种操作。

题目分析:这个问题的 6 种操作,其实只有两类,(1)定位;(2)添加和删除。这两类操作也是两者常见的顺序表实现的主要区别,如表 11.2 所示。

表 11.2 不同的顺序表实现操作的时间复杂度

	数组	链表
定位	$O(1)$	$O(n)$
添加或删除	$O(n)$	$O(1)$

因为单个操作 $O(n)$复杂度的存在,无论我们用哪一种方法,都不可能在 $O(1)$时间复杂度下实现这个题。但是如果我们将这两种方法结合起来,比如在整体上用链表,具体每一个链表节点改为一个大小适当的数组,那么就可以“优势互补”,得到两种操作更加平衡

的数据结构，也就是所谓的“块状链表”。

本题目中，主要的操作的实现，都可以利用链表的基本操作实现。

Move 操作：可以利用定位操作 Locate 实现。

Insert 操作和 Delete 操作：可以分别用块状链表对应的 Insert 操作和 Erase 操作实现。

Get 操作：可以用 Locate 操作定位，再输出后 n 个字符。

Pre 操作和 Next 操作：可以利用定位操作实现。

由此，我们利用块状链表的操作，就可以很容易解决上述的文本编辑问题。并且，利用了链表和数组的两个数据结构的优点，使得主要的插入和删除操作的时间复杂度最优值达到 $O(\sqrt{n})$。代码的具体实现，可参考块状链表的基本操作。

11.2　后　缀　树

11.2.1　模式匹配问题

模式匹配问题：一个文本 text[0…$n-1$]和一个模式串 pattern[0…$m-1$]，写一个函数 search(char pattern[], char text[])，找出 pattern 在 text 中出现的所有位置($n>m$)。

这个问题已经有两个经典的算法：KMP 算法、有限自动机，前者是对模式串 pattern 做预处理，后者是对待查证文本 text 做预处理。在进行完预处理后，可以到达 $O(n)$的时间复杂度，n 是 text 的长度。后缀树可以用来对 text 进行预处理，构造一个 text 的后缀树，就可以在 $O(m)$ 的时间内搜索任意一个 pattern，m 是模式串 pattern 的长度，因此，后缀树的应用可以高效处理这类问题。本节将对后缀树做详细介绍。

11.2.2　后缀树简介

后缀树的概念是在 1973 年由 P. Weiner 提出的，该算法能够在线性时间内构建后缀树。后来，由 McGreight 在 1976 年提出了另一种不同的线性算法，这种算法更加节省空间，可以说是对原来算法的大幅提升。1995 年，Ukkonen 提出了一种能够在线构建的后缀树，该算法使得后缀树的呈现更容易理解。此后的研究中，后缀树被应用到各种不同的场景，如对字符集的适应能力、压缩以及简化等。

11.2.3　后缀树定义

后缀树(Suffix Trees)是一种能快速处理很多与字符串有关问题的数据结构。

严格定义：串 $S[1\cdots m]\$$ 的后缀树是一棵有根树 T，它有 m 个叶子(一一对应)，标记为 $1,2,\cdots,m$。除根之外每个内节点都至少有两个儿子(没有局部链)，每条边上有 S 的一个非空子串，且同一节点出发的任两条边上标记的子串的第一个字母都不相同。若用 $L(v)$表示从树根走到节点 v 时经过所有边的子串连接，则对于 $i=1,2,\cdots,m$，有 $L(i)=S[i\cdots m]$。因此，后缀树代表了 S 所有后缀的集合。

如图 11.5 所示，就是字符串 banana＄的后缀树，这里＄作为结尾。

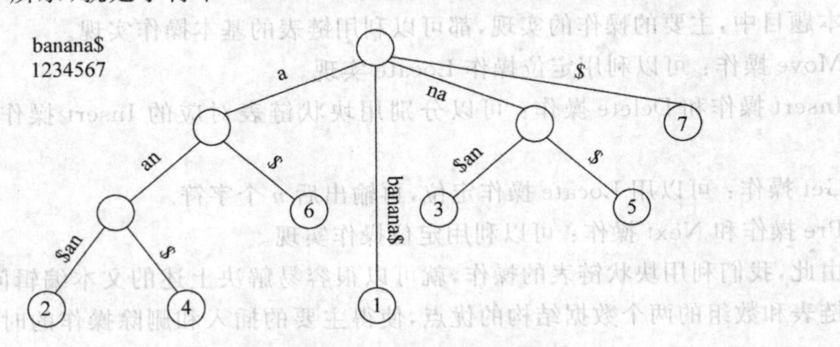

图 11.5 字符串 banana＄的后缀树

11.2.4 后缀树的构建

11.2.4.1 后缀树的朴素构建算法

后缀树可以看作是压缩后的 Trier 树，所以，简单直观的构建方法就是将字符串 S＄的 m 个后缀看作 m 个单词，插入到 Trier 树中，然后，按照后缀树的压缩规则来对 Trier 树进行压缩。由于每次插入的时间与插入的串长度成正比，因此，构建 Trier 树的时间复杂度为 $O(m^2)$，加上压缩操作，总时间复杂度仍为 $O(m^2)$。

11.2.4.2 后缀树的线性时间构建算法

本书将介绍的线性时间构建算法是 Ukkonen 在 1995 提出的，较其他线性时间构建方法易于理解和实现，同时它的内存耗费更小。

Ukkonen 算法的思想为：

(1) 一个字符一个字符地处理字符串 S；

(2) 处理完 S 的前 k 个字符，得到 $S[1\cdots k]$的“后缀树”。由于 $S[1\cdots k]$并不以＄结尾，它可能并不存在后缀树，因此加上引号，称为隐式后缀树(implicit suffix tree)。$S[1\cdots k]$的隐式后缀树记为 T_i。Ukkonen 算法是从 T_1 开始依次构造 $T_2, T_3, \cdots, T_m, T_{m+1}$，则 T_{m+1}是真正的后缀树。每次从 T_i 构造 T_{i+1} 的过程称为一个阶段(phase)，则整个过程被形象地称为“生长过程”。

下面举例说明 ban＄后缀树的构造过程的各阶段：

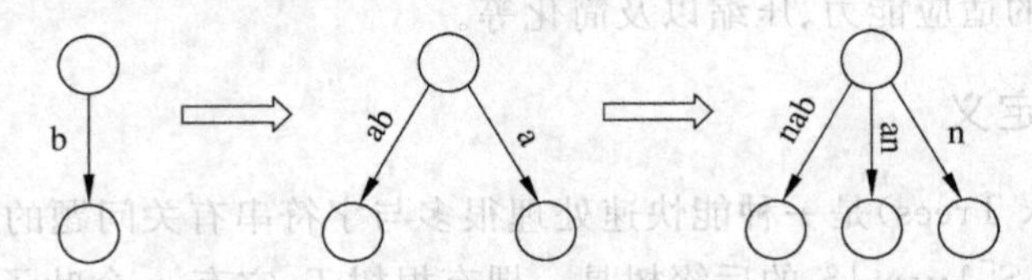

图 11.6 ban＄的 Ukkonen 算法构造后缀树过程

1. 生长的三种情况

把 T_i 生长为 T_{i+1}，就是要给 $S[1\cdots i]$的每个后缀 $S[j\cdots i]$增加字符 $S[i+1]$：

情况一：$S[j\cdots i]$以叶子结尾，则直接在$S[i]$的标号后增加字符$S[i+1]$即可（修改边标号），图 11.7 是给 axabx 的隐式后缀树增加 b 后第一种情况：增加。

情况二：$S[j\cdots i]$在中间结束，且后一个字符不是$S[i+1]$，则在该处增加一个分支，连接到一个新叶子。该边的编号为$S[i+1]$。如果结束点在一条边的中间，还需进行边分裂（改变树结构）。图 11.8 是给 axabx 的隐式后缀树增加 b 后第二种情况：分裂。

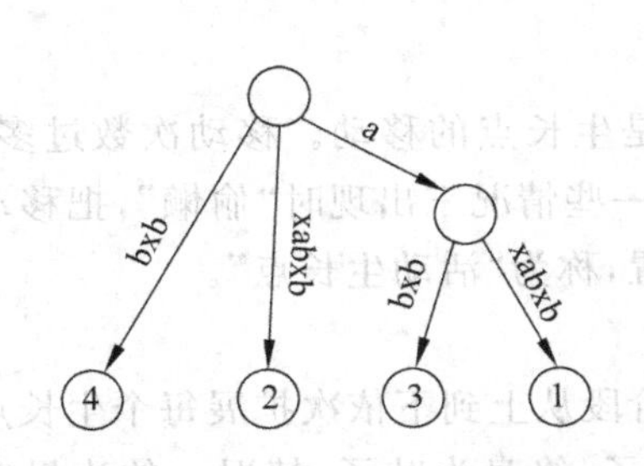

图 11.7　给 axabx 的隐式后缀树增加 b 的增加示意图

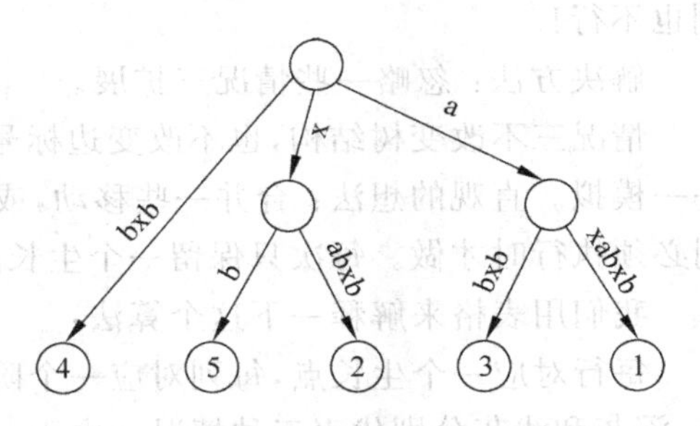

图 11.8　给 axabx 的隐式后缀树增加 b 后分裂示意图

情况三：$S[j\cdots i]$在中间结束，且后一个字符就是$S[i+1]$，则什么都不用做（不改变树结构和边标号，仅移动生长点）。图 11.9 是给 axabx 的隐式后缀树增加 b 后第三种情况：空操作。

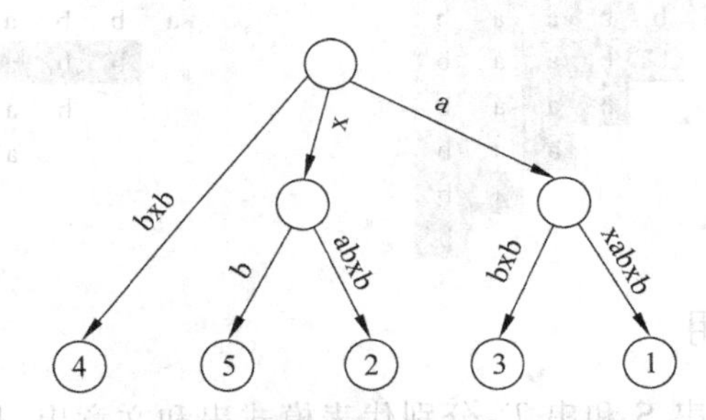

图 11.9　给 axabx 的隐式后缀树增加 b 的空操作示意图

2. 三阶段定理

上面的演示暗含了三阶段定理，每次生长过程总是依次进行：

(1) 1 次或多次情况一扩展（增加）。

(2) 0 次或多次情况二扩展（分裂）。

(3) 0 次或多次情况三扩展（空操作）。

由此，可以得出两个有用的结论：

(1) 一旦节点成为叶子节点，则终身为叶子节点。

(2) 在所有阶段中，情况二扩展总次数为$O(|S|)$。

3. 实现细节

后缀的末尾称为“生长点”，则每阶段是在依次扩展每个生长点。生长点可以在节点上，也可以在边的中间。设边标号为(i,j)，当前增加的字符为$S[k]$：

情况一：把边标号从[?,k-1]改为[?,k]。如果用特殊符号"-"表示当前处理字符，则边标号不变！整棵树没有一点变化，结构显然不变，边标号和扩展前完全一样：从 k 到当前字符。

情况二：由刚才的结论，一共只有 $O(|S|)$ 次扩展，每次只需常数时间。

情况三：扩展可能出现 $O(|S|2)$ 次，如果一一处理的话，即使每次处理时间为常数级别也不行！

解决方法：忽略一些情况三扩展。

情况三不改变树结构，也不改变边标号，仅仅是生长点的移动。移动次数过多，不能一一模拟。直观的想法：合并一些移动，或者说在一些情况三出现时"偷懒"，把移动延迟到必须执行时才做。每次只保留一个生长点的位置，称为"活动生长点"。

我们用表格来解释一下这个算法：

每行对应一个生长点，每列对应一个阶段；每阶段从上到下依次扩展每个生长点。中灰、深灰和浅灰分别代表三种情况。由于一日为叶子，终身为叶子，情况一的边界应该是阶梯型的，如表 11.3 所示。

表 11.3 后缀树生长情况表

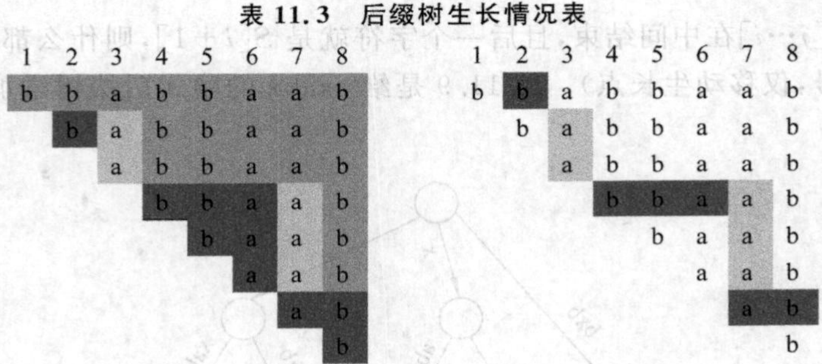

1	2	3	4	5	6	7	8
b	b	a	b	b	a	a	b
	b	a	b	b	a	a	b
		a	b	b	a	a	b
			b	b	a	a	b
				b	a	a	b
					a	a	b
						a	b
							b

1	2	3	4	5	6	7	8
b	b	a	b	b	a	a	b
	b	a	b	b	a	a	b
		a	b	b	a	a	b
			b	b	a	a	b
				b	a	a	b
					a	a	b
						a	b
							b

11.2.5 后缀树的应用

例 11.2 给定两个串 S 和串 T，分别代表模式串和文章串，长度分别为 n 和 m。现在需要在串 T 中查找串 S 的每一个出现位置。

后缀树实现：首先创建串 T 的后缀树，所用时间复杂度为 $O(m)$。然后，我们只需要在后缀树中查找串 S 即可。如果串 S 没有出现在后缀树中，那么显然串 T 不包含串 S；如何串结束于后缀树某个节点 v，那么节点 v 的路径标记在 T 中出现的每个位置都匹配串 S。为了知道所出现的位置，只需遍历 v 的子树，找到所有叶节点，便可知道所有对应出现的位置了。此方法的时间复杂度为 $O(m+n)$。

这里，如果我们能够较好地找到 v 的子树中所有叶子节点，那么就能够将查询的时间复杂度降低到 $O(n+k)$。其中 k 为 S 在 T 中出现的次数，也就是节点 v 的子树中节点的个数。这个方法的实现也并不复杂，将节点按照变量顺序额外用链表依次连接，每个内部节点只需要标记叶节点的范围即可。

伪代码如下：

```
FindMatches(S)
```

```
{
  v =FindNode(S);        //找到深度最小的节点 v 使得 S 是 v 的路径标记前缀
  if(Exist(v))
  {
    for(i=FirstLeaf(v);i<LastLeaf(v);i++)
    {
      PrintLocation(i);//找到该后缀对应的起始位置
    }
  }
}
```

后缀树对于处理这类问题，较 KMP 算法的优势在于，如果对于文章确定不变，模式串有多个，KMP 算法对于每次查询都需要 $O(n)$ 的时间构建模式串的 P_i 数组，然后花费 $O(m)$ 时间去匹配，所以单次查询就需要话费 $O(n+m)$ 的时间；而后缀树可以一次话费 $O(m)$ 的时间构建文章串的后缀树，然后每次查询都只花费 $O(n+k)$ 的时间。

例 11.3　极大重复子串对：字符串 S 的两个不同开始位置的子串 $S1$ 和 $S2$，如果它们完全相同，并且在它们各自的左边或者右边再扩展一个字符后，它们就不同了，这样的子串对被称为极大重复子串对。

极大重复子串：如果字符串 S 中的子串 $S1$ 出现在某个极大重复子串对中，那么该字符串就被称为极大重复子串。

后缀树的实现：首先构建 S 的后缀树，这里，如果子串 $S1$ 是字符串 S 的极大重复子串，那么一定有这样一个节点 v，它的路径标记为 $S1$。因此，$S1$ 中至多有 n 个极大重复子串，因此其后缀树中至多有 n 个内部节点。

对于 S 的任一个位置 i，字符 $S(i-1)$ 称作 i 的左字符。后缀树中的一个叶节点的左字符为该节点代表的后缀位置的左字符。我们可以得出如下充要条件：一个内部节点 v 的路径标记为 S 的极大重复子串，当且仅当 v 的子树中至少有两个节点，它们的左字符不同。如果节点满足此充要条件，那么显然 v 的所有祖先节点也满足该条件。为了考察 v 是否满足该条件，当考察完 v 的子树后才进行。因此，不妨用深度优先搜索来实现，时间复杂度为 $O(n)$。

其伪代码如下：

```
Trave(v)
{
  Maximal(v)=false;
  if(IsLeaf(v))
    Maximal(v) =CheckString(Location(v));
  for(u=FirstChild(v); u<LastChild(v);u++)
  {
    Travel(u);
    Maximal(v)=Maximal(v) || Maximal(u);
  }
```

找到了极大重复子串，再找最大重复子串就变得十分简单了。

11.3 树链剖分

11.3.1 树链剖分的思想和性质

链是一种特殊的树，当树退化成链的时候，在树上的一些查询操作就会变得简单。例如，查询树中任意两点的公共祖先，如果是对于退化成链的树，那么只要比较一下查询的两个点的深度就可以知道结果了。

由于树退化成链能够将问题简单化，因此，我们可以将树用若干条链来表示，从而简化针对于树结构的问题。基于这样的思想，就形成了基于树的路径剖分，即树链剖分。

树链剖分的主要思想是把树划分成几条互相连接的链，再对每条链分别用数据结构维护。划分的方法很多，但为了减少后面操作的时间复杂度，我们需要选取适当的划分方法，如图 11.10 所示。

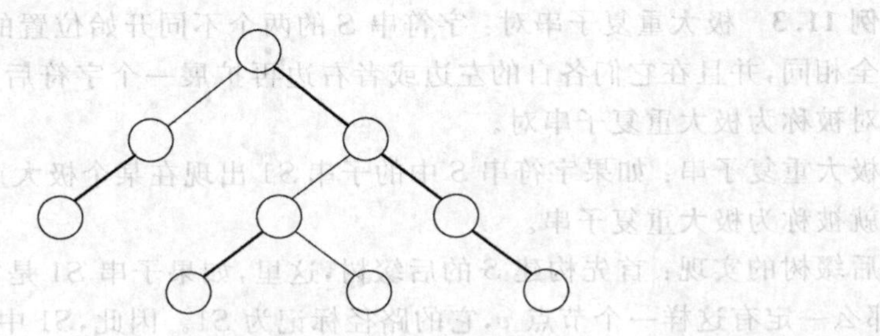

图 11.10 任意一种路径剖分方案

树链，就是树上的路径。剖分，就是把路径分类为重链和轻链。下面介绍轻重链剖分方法。

轻重边剖分是一种很好的剖分方法。轻重边剖分即把树中的边分为轻重两部分。具体地说：设 $Size[i]$为以 i 为根的子树的大小(节点总数)，则若点 x 不是叶节点，则其子节点中 $Size$ 值最大的(注意，有多个 $Size$ 值最大的子节点应任选一个，只能选一个，防止出现重链相交，引发歧义)点 y，边(x, y)称为重边，其余的边都是轻边。首尾相连的重边称为重链(注意一定是自上而下的)，则一个很显然的性质是：从根节点到任意点 i 路径上的轻边与重链的总数都不会超过 $O(\log_2 N)$。然后，对每条重链上的边建立线段树，每当遇到改值操作，若是轻边就直接改，若是重边就在线段树里改；遇到找 x、y 路径上边权最大值的操作，只要找到 LCA(x, y)，然后从 x、y 开始沿着树边上溯到 LCA(x, y)处，对于中间的每条轻边和重链(线段树内)导出最大值即可。

接下来，我们讨论几个轻重边路径剖分的重要性质。

性质 1：如果变(u,v)为轻边，那么 $Size(v) \leqslant Size(u)/2$。

证明：这里采用反证法进行证明。假设 $Size(v) > Size(u)/2$，那么对于 u 的其他孩子节点 v'，有 $Size(v') \leqslant Size(u) - Size(v) < Size(u)/2 < Size(v)$，因而$(u,v)$成为重边，矛盾，故假设不成立。

性质 2：从根节点到任一节点的路径中轻边的条数至多为 $\log_2 n$。

证明：从节点 v 开始向根走，设置计算器 $count$ 为 $Size(v)$，每经过一条轻边，则 $count$ 值变为 $count*2+1$，每经过一条重边时，$count$ 的值加 1。因 $count$ 的值不超过总节点数 n，因此，被 2 乘的次数也不超过 $\log_2 n$，故轻边的数量至多为 $\log_2 n$。

性质 3：从根节点到任意节点 v 的路径上包含的重路径的数量不会超过 $\log_2 n$。

证明：由于重路径之间是用轻路径分割开的，故性质 3 不能得证。

性质 4：树中任意两个节点之间的路径中轻边的条数不会超过 $\log_2 n$，重路径的数量不会超过 $\log_2 n$。

证明：性质 4 实际上是性质 2 和性质 3 的直接推论。

11.3.2　树链剖分的实现及应用

例 11.4　有一棵树，共有 n 个节点，从 1 到 n 依次编号。有 $n-1$ 条边，每条边上有一个权值，由 1 到 $n-1$ 依次编号。现在需要完成以下操作：

(1) 将第 i 条边的权值修改为 v；

(2) 找到节点 a 到节点 b 的路径上的最大权值。

问题分析：对于这个问题，我们用树链剖分的方法解决。这里，采用轻重边路径剖分对该树进行轻重路径划分。从之前的线段树的相关知识我们了解到，维护区间最值是线段树的经典问题。这里，我们直接使用结论，针对重路径边的权最大值查询和维护操作的时间复杂度为 $O(\log_2 n)$，对于轻边进行修改和查询操作的时间复杂度也为 $O(\log_2 n)$。

具体的操作过程如下：

(1) 剖分：剖分的过程分主要由两次搜索组成。

首先，我们先进行一次深度优先遍历搜索，求出每个节点的子树的大小和深度。

然后，我们用第二遍深度优先遍历搜索，来把每一条边连起来。对于每个节点，如果它是根，或者它不是父节点最深子树，则我们创建一条从该节点开始的链，否则该节点所在链即为父节点所在链。

最后，在线段树上更新每个节点的权值。

(2) 修改：

首先，找到要修改的边所属的线段树及要修改的位置；

然后，调用线段树的修改操作。

(3) 查询：查询点(u,v)之间的点权和(或点权极值)的思路如下：

① 如果 u 与 v 不在同一条链上，则使二者中所在链链顶节点深度最小的一个跳到所在链顶节点的父节点位置，继续回到①；如图 11.11 所示，如果 u 所在的重路径最小深度大于 v 所在的重路径，那么节点 u 上爬不超过两者最近公共祖先(LCA)的位置，u 上爬到离 u 最近的第一个和 u 不同一路径中的祖先。也就是说，这一次上爬，u 跨过了自己所在的这段重路径。

② 如果 u 与 v 在同一条链上，则直接从线段树中查询。

至此，这个问题就可以在 $O(n+m*(\log_2 n)2)$ 的时间内得到解决，其中 m 为查询的数目。具体实现的参考代码如下：

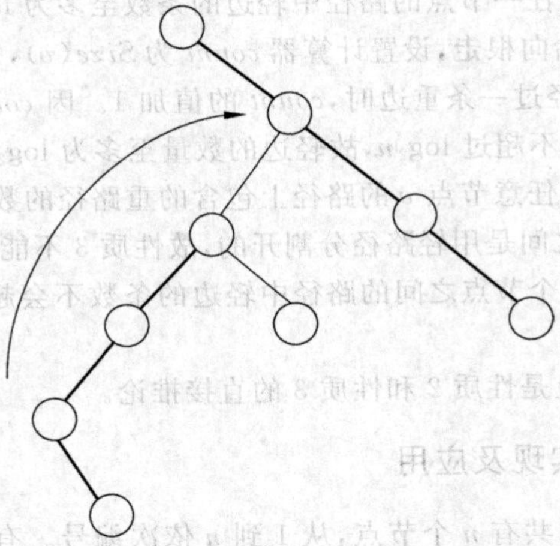

图 11.11 查询示意图

```
#include <cstdio>
#include <climits>
#include <queue>
#include <stack>
#include <algorithm>

using std::queue;
using std::stack;
using std::swap;

typedef unsigned int uint;

const uint MAXN = 30000;

struct Node {                  //线段树节点
    struct Edge * edges;
    uint id;
    bool visited;
} nodes[MAXN];

struct Edge {                  //树边,采用邻接链表存储
    Node * from, * to;  //边的起点和终点
    Edge * next;        //下一个边

    Edge(Node * from, Node * to, Edge * next) : from(from), to(to), next(next) {}
};

struct SegmentTree {// 线段树结构及其相关,使用线段树来维护每一条链
```

```
struct Node {
    struct Node * lchild, * rchild;
    uint l, r;
    int sum, max;

    Node (uint l, uint r, Node * lchild, Node * rchild) : l(l), r(r), lchild
        (lchild), rchild(rchild), sum(0), max(0) {}

    void update(uint x, int value) {
        if (x > r || x < l) {
            return;
        }
        if (x == l && x == r) {
            sum = max = value;
        } else {
            max = INT_MIN, sum = 0;
            if (lchild) {
                lchild->update(x, value);
                max = std::max(max, lchild->max);
                sum += lchild->sum;
            }
            if (rchild) {
                rchild->update(x, value);
                max = std::max(max, rchild->max);
                sum += rchild->sum;
            }
        }
    }

    int querySum(uint l, uint r) {
        if (l > this->r || r < this->l) {
            return 0;
        }
        if (l <= this->l && r >= this->r) {
            return sum;
        } else {
            int result = 0;
            if (lchild) {
                result += lchild->querySum(l, r);
            }
            if (rchild) {
                result += rchild->querySum(l, r);
            }
            return result;
```

```
            }
        }

        int queryMax(uint l, uint r) {
            if (l >this->r || r <this->l) {
                return INT_MIN;
            }
            if (l <=this->l && r >=this->r) {
                return max;
            } else {
                int result =INT_MIN;
                if (lchild) {
                    result =std::max(result, lchild->queryMax(l, r));
                }
                if (rchild) {
                    result =std::max(result, rchild->queryMax(l, r));
                }
                return result;
            }
        }
    } * root;

    SegmentTree(uint l, uint r) {
        root =build(l, r);
    }

    Node * build(uint l, uint r) {
        if (r <l) {
            return NULL;
        } else if (r ==l) {
            return new Node(l, r, NULL, NULL);
        } else {
            uint mid = (l + ((r -l) >>1));
            return new Node(l, r, build(l, mid), build(mid+1, r));
        }
    }

    void update(uint x, int value) {
        root->update(x, value);
    }

    int querySum(uint l, uint r) {
        return root->querySum(l, r);
```

```
    }

    int queryMax(uint l, uint r){
        return root->queryMax(l, r);
    }
};

struct Tree {
    struct Path * path;     //路径
    Tree * parent,          //父节点
         * children,        //子节点
         * maxSizeChild,    //表示该节点的最大子树
         * next;            //下一个节点
uint size,                  //以这个节点为根的树的大小(即节点总数)
     depth,                 //这个节点的深度(即到整棵树的根的距离)
     maxDepth,              //链的最底端节点的深度
     pos;                   //表示自己在自己的路径上的编号
    int w;                  //节点数
    bool visited;
    Tree() {}
    Tree(Tree * parent) : parent(parent), depth(!parent ? 0 : parent->depth +1),
        next(!parent ? NULL : parent->children), path(NULL), w(0), children
        (NULL), maxSizeChild(NULL) {}
} treeNodes[MAXN], * root;

struct Path {
    SegmentTree * segmentTree;
    Tree * top;
    Path(struct Tree * top, uint count) : top(top), segmentTree(new SegmentTree
        (0, count -1)) {}
};
uint n, q;
inline void addEdge(uint a, uint b) {
    nodes[a].edges =new Edge(&nodes[a], &nodes[b], nodes[a].edges);
    nodes[b].edges =new Edge(&nodes[b], &nodes[a], nodes[b].edges);
}

inline void convert() {//把读入的无根树转化成有根树
    queue<Node * >q;
    root =&treeNodes[0];
    new (root) Tree(NULL);
    q.push(&nodes[0]);
    while (!q.empty()) {
        Node * node =q.front();
```

```
            q.pop();
            node->visited =true;
            for (Edge * edge =node->edges; edge; edge =edge->next) {
                if (!edge->to->visited) {
                    treeNodes[node->id].children =new (&treeNodes[edge->to->id])
                        Tree(&treeNodes[node->id]);
                    q.push(edge->to);
                }
            }
        }
    }

    inline void cut() {  //先进行一次 DFS,树链剖分
        stack<Tree * >s;
        s.push(root);
        while (!s.empty()) {
            Tree * tree =s.top();
            if (tree->visited) {
                tree->size =1;
                tree->maxDepth =tree->depth;
                for (Tree * child =tree->children; child; child =child->next) {
                    tree->size +=child->size;
                    if (tree ->maxSizeChild ==NULL || tree->maxSizeChild->size <
                            child->size) {
                        tree->maxSizeChild =child;
                        tree->maxDepth =child->maxDepth;
                    }
                }
                s.pop();
            } else {
                for (Tree * child =tree->children; child; child =child->next) {
                    s.push(child);
                }
                tree->visited =true;
            }
        }
    queue<Tree * >q;
    q.push(root);
    while (!q.empty()) {// 开始第二次 DFS,把每条链连接起来
        Tree * tree =q.front();
        q.pop();
        if (tree ==root || tree !=tree->parent->maxSizeChild) {
            tree->path =new Path(tree, tree->maxDepth -tree->depth +1);
            tree->pos =0;
```

```
        } else {
            tree->path = tree->parent->path;
            tree->pos = tree->parent->pos + 1;
        }
        for (Tree * child = tree->children; child; child = child->next) {
            q.push(child);
        }
    }
    for (uint i = 0; i < n; i++) {//在线段树上更新每个点的权值
        treeNodes[i].path->segmentTree->update(treeNodes[i].pos,
                treeNodes[i].w);
    }
}

inline void update(uint x, uint w) {
//修改某个点的权值,只需要在该节点所在链上的线段树中更新即可
    treeNodes[x].w = w;
    treeNodes[x].path->segmentTree->update(treeNodes[x].pos, w);
}

inline int querySum(uint u, uint v) {
//查询两个点 [u, v] 之间的点权和
    int result = 0;
    Tree * a = &treeNodes[u], * b = &treeNodes[v];
    while (a->path != b->path) {
        if (a->path->top->depth < b->path->top->depth) {
            swap(a, b);
        }

        result += a->path->segmentTree->querySum(0, a->pos);
        a = a->path->top->parent;
    }
    if (a->pos > b->pos) {
        swap(a, b);
    }
    result += a->path->segmentTree->querySum(a->pos, b->pos);
    return result;
}

inline int queryMax(uint u, uint v) {// 查询两个点 [u, v] 之间的最大值
    int result = INT_MIN;
    Tree * a = &treeNodes[u], * b = &treeNodes[v];
    while (a->path != b->path) {
        if (a->path->top->depth < b->path->top->depth) {
```

```
            swap(a, b);
        }
        result = std::max(result, a->path->segmentTree->queryMax(0, a->pos));
        a = a->path->top->parent;
    }
    if (a->pos > b->pos) {
        swap(a, b);
    }
    result = std::max(result, a->path->segmentTree->queryMax(a->pos, b->
        pos));
    return result;
}

int main() {
    scanf("%u", &n);
    for (uint i = 0; i < n; i++) {
        nodes[i].id = i;
    }
    for (uint i = 0; i < n - 1; i++) {
        uint a, b;
        scanf("%u %u", &a, &b);
        a--, b--;
        addEdge(a, b);
    }
    convert();
    for (uint i = 0; i < n; i++) {
        uint w;
        scanf("%u", &w);
        treeNodes[i].w = w;
    }
    cut();
    scanf("%u", &q);
    for (uint i = 0; i < q; i++) {
        char command[6 + 1];
        scanf("%s", command);
        if (command[1] == 'H') { // CHANGE
            uint x;
            int w;
            scanf("%u %d", &x, &w);
            x--;
            update(x, w);
        } else {
            uint u, v;
            scanf("%u %u", &u, &v);
```

```
                u--, v--;
                if (command[1] == 'M') { // QMAX
                    printf("%d\n", queryMax(u, v));
                } else { // QSUM
                    printf("%d\n", querySum(u, v));
                }
            }
        }
    return 0;
}
```

11.4　本 章 习 题

习题 11.1　某天，Lostmonkey 发明了一种超级弹力装置，为了在他的绵羊朋友面前显摆，他邀请小绵羊一起玩个游戏。游戏一开始，Lostmonkey 在地上沿着一条直线摆上 n 个装置，每个装置设定初始弹力系数 k_i，当绵羊达到第 i 个装置时，它会往后弹 k_i 步，达到第 $i+k_i$ 个装置，若不存在第 $i+k_i$ 个装置，则绵羊被弹飞。绵羊想知道当它从第 i 个装置起步时，被弹几次后会被弹飞。为了使得游戏更有趣，Lostmonkey 可以修改某个弹力装置的弹力系数，任何时候弹力系数均为正整数。

习题 11.2　给一个字符串，长度不超过 106，有两种操作：(1)在第 i 个字符的前面添加一个字符 ch；(2)查询第 k 个位置是什么字符；操作的总数不超过 2000。实现这两个操作。

习题 11.3　定义一个作用于字符串集合的二元运算符“$*$”，对于字符串 A=“abc”和 B=“def”，$A*B$=“abcdef”。类似的，$A^n=A*A*\cdots*A$（共 n 个 A 进行运算）。特殊情况是 A^0=“ ”，即空字符串。要求输入一个字符串 S，找到最大的 n 使得 $S=A^n$，其中 A 是某个字符串。

习题 11.4　给定 n 个字符串，请你找到一个最长的子串，使得它在每个字符串中都至少出现两次，并且至少有两次不重叠。这里，只需要求得最长子串的长度即可。

习题 11.5　现在有 Q 个询问，每个询问读入三个数 Ord,u,v，要求如下：

Ord=CC：把城市 u 的点的信仰（种类）改为 v；

Ord=CW：把城市 u 的评价（权值）改为 v；

Ord=QS：询问从城市 u 到城市 v，所有有效城市评价（权值）的和；

Ord=QM：询问从城市 u 到城市 v，所有有效城市评价（权值）的和最大值；

$N\leqslant 100000, Q\leqslant 100000$；总数小于 100000，评价值小于 10000。实现如上询问操作。

习题 11.6　给定一棵 N 个节点无根树，每个节点有一个颜色；要求实现下面的两个操作：

(1) C X Y Z　把 X 到 Y 的路径全染成 Z 颜色；

(2) Q X Y　询问 X 到 Y 的路径有多少个颜色段？

参考文献

[1] Sara Baase, Allen Van Gelder. Computer Algorithms(Third Edition). 北京：高等教育出版社. 2001.7

[2] Gilles Brassard,Paul Bratley. Fundamentals of Algorithmics. 北京：清华大学出版社. 2005.7

[3] 王晓东. 算法设计与分析. 北京：电子工业出版社. 2012.2

[4] 余祥宣，崔国华，邹海明. 计算机算法基础(第三版). 武汉：华中科技大学出版社. 2006.4

[5] 王红梅，胡明. 算法设计与分析(第二版). 北京：清华大学出版社. 2013.4

[6] 卢开澄. 组合数学算法与分析. 北京：清华大学出版社. 1983.9

[7] 林厚从. 高级数据结构. 南京：东南大学出版社. 2012. 7

[8] kevin wayne. Approximation Algorithms, http://www. cs. princeton. edu/~ wayne /cs423/lectures/approx-alg-4up. pdf. 2016.3